U0166613

依托项目

○ 教育部哲学社会科学研究重大课题攻关项目：
　　可持续发展中的绿色设计研究（16JZD0142）
○ 天津市高等学校创新团队培养计划：
　　绿色发展理念与创新产品设计（TD13-5012/5045）
○ 天津市教委科研计划项目：
　　绿色包装设计的人文心理趋势研究（2017SK002）

项目负责人及书籍统筹：乔洁　孙振清

作者简介

张立雷

　　天津科技大学艺术设计学院副教授，中国包装联合会设计委员会全国委员，天津市教委高校创新团队成员，天津美术家协会会员。从事视觉传达设计专业的教学，同时进行品牌设计、地域文化与创意产业、绿色包装等课题的研究与设计工作，出版著作多部，发表论文十余篇，参加了众多国内外设计展览、赛事并多次获奖。

赵俊杰

　　天津工业大学艺术与服装学院副教授，天津市教委高校创新团队成员，中国包装联合会常务理事，天津包装技术协会设计委员会副秘书长，天津工艺管理协会理事，国际体验设计协会常务会员，ADOBE 创意大学专家委员会专家，ACAA 中国数字艺术专家，《中国设计年鉴》编委。设计作品共获得各级各类专业奖项四十余项，教材《标志设计》《建筑手绘》《VI 设计》《插图设计》《包装设计》《图形创意》等已出版。

GREEN PACKAGING & DESIGN

绿色包装与设计

张立雷 赵俊杰 著

人民美术出版社

北京

图书在版编目（CIP）数据

绿色包装与设计 / 张立雷, 赵俊杰著. -- 北京：
人民美术出版社, 2021.1
ISBN 978-7-102-08241-7

Ⅰ.①绿… Ⅱ.①张… ②赵… Ⅲ.①绿色包装—包
装设计—研究 Ⅳ.①TB482

中国版本图书馆CIP数据核字(2020)第203798号

绿色包装与设计
LÜSE BAOZHUANG YU SHEJI

编辑出版　人民美術出版社
　　　　　（北京市朝阳区东三环南路甲 3 号　邮编：100022）
　　　　　http://www.renmei.com.cn
　　　　　发行部：（010）67517601
　　　　　网购部：（010）67517743

责任编辑　王　远　薛倩琳
封面设计　绵　绵
版式设计　张立雷
责任校对　马晓婷
责任印制　宋正伟
制　　版　朝花制版中心
印　　刷　雅迪云印（天津）科技有限公司
经　　销　全国新华书店

版　次：2021年1月　第1版
印　次：2021年1月　第1次印刷
开　本：889mm×1194mm　1/16
印　张：13.5
印　数：0001—2000册
ISBN 978-7-102-08241-7
定　价：78.00元
如有印装质量问题影响阅读，请与我社联系调换。（010）67517602

人与自然和谐共生。人民的美好生活需要生态文明建设和绿色发展，包装产品行业要审视自己的包装是否符合新的消费趋势，包装设计者有责任设计出具有品牌个性、凸显人文绿色心理和文化自信的包装。

书中不但厘清了传统绿色包装的理论内涵与现状趋势，更进一步提出了人文心理层面的绿色设计，比如非物质文化遗产的传承、传统文化或地域文化的再设计应用，并结合了大量案例来展示分析。本书作者作为中国联合设计委员会成员，多年来致力于绿色包装的研究。设计委员会也为其提供了一些优秀绿色包装设计案例作为支持。书中的工作室访谈部分让我们能够直面国际大奖作品，发现设计者之匠心独运。

本书无论是对产品包装客户还是设计从业者，都具有很好的引导和启发作用，值得推荐。

中国包装联合会设计委员会秘书处

2020 年 9 月 26 日

严一民 / 荐言

包联网　总经理

　　通常我们看到的优秀包装只是最终视觉呈现，但隐藏在背后的设计考量，却充满了智慧和巧思。本书即有别于文字为主的理论书，又有别于图片为主的作品集，其调研搜集了大量国内外优秀设计案例，从绿色包装视角图文并茂地展示了包装的内因外向，可读性非常强。

　　可贵的是，随着中国经济消费能力的提高、民族自信力的提升，在中文语境下的包装设计越来越精彩，更多的华人设计师在各种国际重量级包装设计竞赛中大放异彩。包联网（pkg.cn）汇聚了国内一线商业包装设计机构和设计师，本书作者深入挖掘其中资源，并对许多知名设计师做了专访，这其中不乏世界级包装大奖案例，深入地展现了当下华人设计实力，是近年来少有的一本高品质研究包装的书籍。

一民

包联®网

Anna Lukanina / 荐言

Pentawards 全球包装设计竞赛评委（2016）

EPDA 欧洲包装设计协会主席（2011—2013）

俄罗斯 Depot WPF 总经理

本书收录了来自世界各地奇思妙想的优秀包装案例，是设计师寻找灵感的"必备"书。

Great collection of smart packaging
from all over the world.
It is "must have" book for
the designers who are looking
for inspiration while designing
conscious packaging.

Anna Lukanina
Depot WPF

depot wpf branding agency

目录
Contents

溯源——绿色包装概述

绿色包装的内涵

绿色包装的现状与发展趋势

绿色包装的特征

绿色包装的内涵

　　"包装"这个词在不同的时期有着不同的含义。在中国战国时期，人们为了纪念屈原，创造出一种独特的食品——粽子。这是古代劳动人民运用生活中的智慧，用从自然环境中发现的天然材料包裹食物，这便是功能与形式的完美结合，是早期包装的雏形。

　　长期以来，人们对包装设计的认识和实践是以市场需求和商品促销为基础的，其设计创意的定位重点放在商品和销售两个领域。如今，包装更体现着产品的价值，人们容易被精美的包装所吸引，但是却忽略了精美包装带来的问题。包装业的发展为经济建设做出了较大贡献，但产品包装不仅消耗了大量资源，且其残留物是一个不容忽视的巨大的污染源。美国《包装》杂志的全国民意测验结果显示，绝大多数人认为，包装带来的环境污染仅次于水质污染、海洋湖泊污染和空气污染，位列第四。大量的包装垃圾威胁着人们的生存环境，因此新的包装技术的研发、包装材料和结构的改进以及资源的回收和再利用问题变得十分重要，绿色包装应运而生。

　　绿色包装设计把包装产品视为人类生存的有机元素，用对人体和环境无污染、可回收利用或可再生的材料来设计包装产品。这里的"绿色设计"反映在包装产品的设计开发、生产、运输、销售、使用、废弃回收的各个环节，在此循环周期内的每一个阶段，包装设计产品都与人和环境互相影响。它强调人类在遵循生态规律和社会审美法则的前提下，运用科学的策略、手段使人造物品符合自然人文特性。它带给人们的不是短暂的视觉震

粽子包装

惊，而是持久的物质与精神享受。因此，绿色包装设计包括环境和资源再生两方面的含义。可持续发展战略中的绿色包装，要求产品包装的设计、制造、使用和处理均应符合低消耗、减量、少污染等保护生态环境的要求。

　　《绿色包装通则》对绿色包装定义为："为了环境保护与生命安全，合理利用资源，具备安全性、经济性、适用性和废弃物可处理与再利用性的包装。"绿色包装的出现，解决了一般包装废弃物危害人体、无法重复使用和不可再生、破坏环境等问题，同时也对人们的观念产生了冲击，人们开始探寻更有意义的生存环境。

　　1987年，世界环境与发展委员会发表了《我们共同的未来》的研究报告，它指出世界各国政府和人民必须从现在起对经济发展和环境保护这两个重大问题负起自

己的历史责任，拟定正确的政策并付诸实施。1992年，联合国环境与发展大会上通过了《里约环境与发展宣言》（又称《地球宪章》）和《21世纪议程》，在世界范围内掀起了一股以保护生态环境为核心的绿色浪潮。人们意识到绿色理念对身心健康发展和环境保护的重要性，开始追求无污染的"绿色食品"、天然纤维制作的"绿色服装"，绿色产品的发展也相应地影响到了包装领域。

1981年，丹麦首先推出《包装容器回收利用法》，禁止使用一次性的饮料包装，也禁止进口商品使用一次性包装。1992年，德国开始实施更系统的包装废弃物回收方法，即著名的"绿点"回收方法，在商品包装上印上统一的"绿点"标志。这一"绿点"表明此商品生产商已为该商品的回收付了费。用"绿点"标志的生产商支付的费用，建立一套回收、分类和再利用系统。2006年，标准化制定并颁发实施了ISO14000（环境管理系列标准）。美国的企业界、包装界纷纷实施ISO14000标准，并制定了相关的"环境报告卡片"，对包装进行寿命周期评定，完善包装企业的环境管理制度。

在过去十几年间，人们对生态、可持续和绿色包装的关注度越来越高。我国1984年实施环保标识制度，1998年各省成立绿色包装协会，相应政策的出台在一定程度上促进了绿色包装的发展。设计师作为包装设计的缔造者，从环保的理念出发，设计出节约资源、保护环境的绿色包装是每一位设计师的责任和义务。

绿色包装设计应具备以下几个方面的含义：

1. 实行包装减量化（Reduce）。绿色包装在满足保护、便捷、销售等功能需求的条件下，应是用量最少的适度包装。

2. 易于重复利用（Reuse），或其废弃物易于回收再生（Recycle）。通过多次重复使用或通过回收废弃物、生产再生制品达到再利用的目的。

3. 废弃物可降解腐化（Degradable）。为了不形成永久垃圾，不可回收利用的包装废弃物要能分解腐化，并通过堆肥化处理达到改善土壤的目的。当前世界各工业国家均很重视发展利用生物或光降解的可降解包装材料。Reduce（减量化）、Reuse（重复利用）、Recycle（回收再生）和Degradable（可降解腐化）是当今世界公认的发展绿色包装的3R和1D原则。

4. 对人体和生物无毒无害。包装材料中最好不含有毒性的元素、卤素、重金属，如果不可避免则其含量应控制在有关标准以下。

5. 在包装产品的整个生命周期中，均不应对环境产生污染，造成公害。即包装制品从原材料采集和加工、制造、使用、废弃物回收再生，直至最终处理的全过程均不应对人体及环境造成危害。

总之，绿色包装包含了一系列内容：保护生态环境、人类健康安全、与原有设计思想的融合、自然及舒适简约的设计理念。这些内容的出发点都是保护环境，致力于通过设计创造一种无污染的、有利于人类健康和生存繁衍的、有利于可持续发展的生态环境。

绿色包装的现状与发展趋势

随着 19 世纪 80 年代绿色革命的步伐加快,绿色包装也应运而生。在世界环保呼声日益高涨的大环境下,我国的绿色包装在 20 世纪 80 年代也逐渐兴起。

进入 21 世纪,世界各国包装组织都在积极地向国际环保组织要求的方向努力,我国的绿色包装也取得了长足的发展,产品遍及包装产业的各个领域,涉及包装制品、包装材料、包装机械、包装工艺、包装印刷油墨、新材料开发、包装废弃物回收利用和绿色包装标准制定等方面。

如今我国许多产品的包装都采用了绿色包装的设计理念,例如 21 山岚乐章茶礼盒包装,是一款由中国台湾竹编大师林根在手工编织的竹篓包装。包装取材于自然,延伸出新鲜天然环保之意。马口铁的黑色茶罐还可以重复利用,作为杂物罐存放其他物品,延长了包装的使用寿命,符合可持续包装设计的要求。

在绿色包装设计中不仅要考虑包装材料的绿色环保、结构的简约优化和多功能性,更要考虑包装的人文内涵和对消费者观念的冲击。绿色包装不仅体现在自然生态内涵方面,在人文精神的构建上也有着重要体现。如这

21 山岚乐章茶礼盒

款全新创意的石古坪茶叶包装设计，设计师运用采摘茶叶喷墨纹理来进行茶叶包装设计，用环保材料进行轻量化设计，整个包装的设计过程非常有趣，给人一种新鲜有机之感。绿色理念的包装潜移默化地影响着消费者的环保意识。

我国绿色包装设计不仅由相关环保部门负责研发，许多环境保护爱好者和志愿者以及大学生团体也参与其中。比如，"中国绿色包装设计与安全设计创意大赛"就不断地涌现了许多优秀的绿色包装设计作品。这些作品解决了一些因包装而产生的环境污染和资源浪费等问题，体现了绿色包装设计和可持续发展的内涵，为我国绿色包装设计提供了许多参考，亦为绿色包装设计的事业注入了新鲜血液。

然而，我国绿色包装的发展仍存在很多制约因素。从宏观层面看，法律规范有待进一步健全和完善。从技术层面看，绿色包装往往比传统包装成本高，因此在与传统包装产品进行价格竞争时不具备优势，直接制约了绿色包装的发展。从市场层面看，企业在生产上常会忽视绿色包装，大多数中小型企业只注重眼前效益，没有考虑到包装的设计、生产和使用后对环境的影响和破坏。此外，消费者对绿色包装的认识不足，绿色消费观念不强。绿色包装不仅仅是从技术层面上的考虑，更重要的是一种观念上的变革。只有广大人民群众提高了环境意识，自觉支持、参与，才能推动绿色包装的普及。

绿色包装设计不仅顺应了国际环保发展，符合世贸组织的相关要求，更是一种强有力的国际营销手段，有利于国家产业结构的调整，是我国实施可持续发展战略的重要方面。同时，绿色包装设计致力于解决环境问题，力图寻找一种可持续发展的生态化和人性化的包装方式。绿色包装是可持续发展的必然趋势，在循环经济的道路上，绿色包装将是我国的主攻方向。

石古坪茶叶包装

绿色包装的特征

1. 价值和意义

绿色包装的出现体现了人们保护环境意识的提高，具体表现为以下两个方面：

（1）绿色包装符合绿色发展的理念

绿色发展理念提倡人与自然和谐共处，可持续发展。绿色包装无论是最初的选材、生产过程，还是最终的包装废弃物的回收降解都符合绿色环保、低碳排放的理念。例如，使用瓦楞纸代替塑料进行鸡蛋包装的设计，简洁合理的结构既保障了鸡蛋在运输过程中的安全，又节约了运输成本，此外瓦楞纸也是环保包装的理想材料。

（2）绿色包装的使用有效减少环境压力

在主张以人为本、满足包装的保护功能的前提下，设计师在进行设计构思时，往往会考虑到环境保护的因素，并以满足环保要求作为包装设计的出发点和落脚点，力求在包装的生产和使用过程中降低或最小化对生态的影响。使用可重复利用的或可再生的材料可从源头上减少包装对环境的污染和对资源的浪费，从另一方面减少对环境的破坏。包装的回收和再生可节约资源和能源，减轻垃圾填埋、焚烧压力。为了不形成永久垃圾，不可回收利用的包装废弃物应能自行降解，进而改善土壤等。

随着社会的进步与发展，人们的生活方式也随之不断改变。绿色包装设计要符合消费者的审美心理和审美

FRISS BIOTOJS 鸡蛋包装

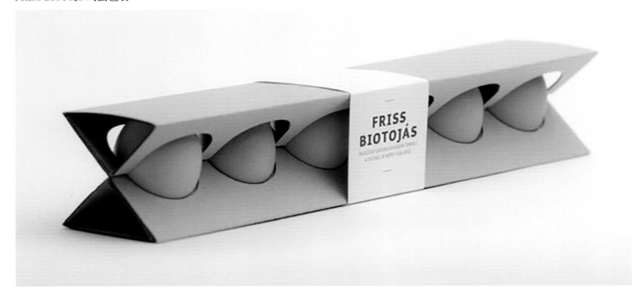

情趣，使他们在使用包装的过程中既能满足心理上的需求又能获得精神上的愉悦。此外，绿色包装设计还应考虑其图形、文字以及色彩等因素在包装上的表现形式及应用。绿色包装作为环保理念的无声推广媒介，潜移默化地影响着消费者的绿色消费行为。例如，Soy Mamelle豆奶包装是俄罗斯品牌代理机构KIAN的作品，由PET材料制成，其外形就好似母牛的乳房，非常可爱。除了美观之外，设计者还希望通过其特别的形状表现Soy Mamelle的奶源为纯正绿色天然的牛奶。这样的包装通过直观形象的表现，使消费者接受绿色包装这一理念，从而使生活方式更加健康。

Soy Mamelle 豆奶包装

2. 全生命周期

生命周期（Life Cycle）的概念应用很广泛，其基本含义可以通俗地理解为"从摇篮到坟墓"（Cradle-to-Grave）的整个过程。对于某个产品而言，就是"从自然中来，回到自然中去"的全过程，也就是既包括制造产品所需要的原材料的采集、加工等生产环节，也包括产品贮存、运输等流通环节，还包括产品的使用过程以及产品报废或处置等废弃回到自然的过程，这个过程构成了一个完整的产品生命周期。

绿色包装的上述内涵使包装与环境相容，不对环境造成污染，这种性能被称为绿色包装的环境性能。科学评价绿色包装环境性能的方法是列入ISO14000国际环境管理系列标准中的生命周期评价方法。ISO14000明确规定，凡是国际贸易产品必须进行环境认证（EA）和生命周期评价（LCA），并使用环境标志（EL）。

（1）生命周期分析

LCA研究源于20世纪60年代的能源危机，由于能源危机的出现和对社会产生的巨大冲击，美国和英国相继开展了能源利用的深入研究，生命周期评价的概念和思想逐步形成，生命周期评价后来在生态环境领域有着广泛应用。综观生命周期评价历程，其发展可分为三个阶段。

20世纪70年代初期，该研究主要集中在包装废弃物问题上，如美国中西部研究所（MRI）对可口可乐公司的饮料包装瓶进行评价研究。该研究试图从原材料采掘到废弃物最终处置，进行全过程的跟踪与定量研究，揭开了生命周期评价的序幕。

20世纪70年代中期，对生命周期评价的研究引起一些学者、科研机构和政府的重视，并投入了一定的人力、物力开展研究工作。在此阶段，研究的焦点是能源和固体废气物。欧、美一些研究和咨询机构依据相关的思想，探索了有关废弃物管理的方法，研究污染物排放、资源消耗等潜在影响，推动了LCA的发展。

20世纪80年代，"尿布事件"在美国引起人们的关注。前期由于一次性尿布的大量使用，产生了大量的固体垃圾，填埋处理这些垃圾需大量土地，环境压力巨大，于是议会颁布法律禁止使用一次性尿布，改用可重复使用的尿布。由于可重复使用的尿布的洗涤增加了水资源和洗涤剂消耗量，不仅加剧了水资源供需矛盾，而且加剧了水资源污染。运用生命周期的理念对使用还是禁止一次性尿布进行了重新评估，评估结果表明使用一次性尿布更加合理，一次性尿布得以恢复使用。"尿布事件"是生命周期评价比较典型的例子之一。

20世纪90年代，生命周期评价已适用于欧盟制定的《包装与包装废弃物指令》。比利时政府用生命周期的方法评价包装和产品对环境负荷大小，并以此为依据进行征税。国际标准化组织制定和发布了关于LCA ISO140040系列标准。美国、荷兰、丹麦等国家政府也通过实施研究计划和举办培训研究和推广LCA的评价方法。在亚洲，日本、韩国均建立了LCA学位。自此，

LCA软件和数据库纷纷推出，促进了LCA全面推广应用。

（2）生命周期检测流程

计划→设计→开发→执行→评估。

根据LCA标准原理评价相关包装内容。

包装与包装废弃物技术标准：欧盟包装与包装废弃物的指令1994/62/EC有两个主要的目标，一是保护环境，二是确保欧盟内部市场机制的有效运行。

3. 环境友好

随着社会经济的进步及人们生活质量的提高，"绿色发展"成为当今时代的趋势。包装满足不同消费人群的同时，对于环境资源的消耗应降至最低，做到人、包装与环境和谐共融。保护环境和绿色发展已成为当今世界保障人类的生存和发展的前提条件。因此，绿色包装正在成为当下的时尚包装的标志。

环境友好的包装主要是指设计师在进行包装设计时，从包装材料的选择到包装的回收处理，都要本着对环境负责的态度，并以环境可接受的方式处理废弃包装，达到从"摇篮到坟墓"对环境零压力的效果。设计环境友好型包装应考虑以下几个方面：

（1）包装结构优化

包装使用效率尽量最大化，减少不必要的包装结构，从而减少包装重量，节省材料。在设计包装时，设计师应尽量做到适合产品，避免过度包装造成的资源浪费。如旗鱼礼包装曾经荣获2017年的iF Design Award德国iF设计奖，设计师以纸板为包装材料，采用无黏胶的可堆

叠式的环保包装设计，并在纸板间穿插尼龙绳方便携带。

（2）包装应易于重复利用

包装在完成包装使命后，不被丢弃而是另作他用，从而减少资源的浪费。包装从打开的那一刻，其包装功能已经结束，成为废弃物。设计包装时应做到包装的功能多元化，从而延长包装的生命周期。

（3）选用无污染的可降解材料

使用可降解材料的目的是在包装使用后不形成永久垃圾，包装废弃物在土壤、水中，在微生物的作用下分解，最终以无毒无害的形式回归自然。纸是最常见的无污染可降解材料。纸的原材料主要来自植物纤维，因而纸在进入土壤后便会很快被分解，重新融入土壤。随着科技的发展，可替代塑料的复合材料也越来越受欢迎。可降解的材料使包装达到了"从自然中来，到自然中去"的环保绿色的过程，是经济与环境的双赢。

吉姆·华纳是"Paper Water Bottle"的发明者。在美国一天约有六千万个塑料瓶子被扔，塑料垃圾严重影响人们的生活，对海洋生物造成了极大的威胁。吉姆·华纳经过十几年尝试，在2015年设计出第一代由纸浆和植物纤维为原料做成的纸质水瓶。

Paper Water Bottle

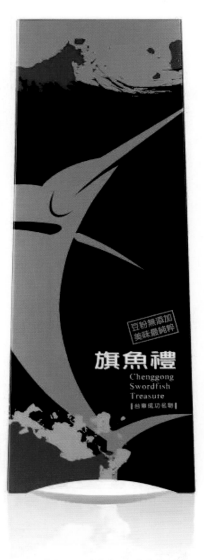

2017 iF Design Award 德国 iF 设计奖作品：旗鱼礼包装

问道——绿色包装设计法则

绿色包装的自然理念

绿色包装的人文理念

绿色包装的创意呈现

绿色包装的自然理念
材料设计

自然材料 ///////////////////////////////

在自然界中存在着一些天然的包装材料，如香蕉皮之于香蕉。利用自然界本来就存在的物品包装产品既经济又环保。

自然材料取之于自然，用之于自然，有许多其他材料不具备的特性：自然材料的包装在生产的过程中无毒无害，经过简单加工形成简易包装。废弃后能够自行降解和腐化，可以改善土壤，不会产生有害物质。

我国古代人民善于从自然中获取材料来包装食物，这便是自然材料包装的雏形。如粽子，糯米吸收着粽叶自然的清香，通过捆扎的方式完成了一个环保自然的包装作品。这种包装在丢弃一段时间后能在自然界中充分降解，没有任何污染。除了植物叶子外，竹、木、棉、麻等也可作为包装材料。这些材料只要稍加设计便可以成为优秀的环保包装。虽然有些材料相对来说无法进行大批量生产，但就近作为小范围的环保包装还是不错的选择。

由自然材料做成的包装能够体现当地的民间特色，如我国广东著名点心荷叶饭便是以荷叶裹米饭蒸熟的方便食品。"泮塘十里尽荷塘，姊妹朝来采摘忙，不摘荷花摘荷叶，荷叶包饭比花香。"这首《羊城竹枝词》便是荷叶饭作为岭南地区美食的生动写照。这种一次性食品包装既经济又环保。

与粽子和荷叶饭包装理念类似，柚子是泰国当地的重要农产品，设计公司 Yod Corporation 为其设计了一款新包装。他们使用当地水生植物凤眼兰作为包装材料，由当地擅长工艺制作的居民制作，这些材质会在三个月内被生物分解。

除了植物的叶、根、茎处，果皮也可用于制作包装。设计师对这些原材料稍加设计都能成为不错的包装材料。

泰国柚子包装

Bzzz 蜂蜜

设计：Backbone Branding

该包装是为美国的一家蜂蜜生产商设计的限量版商业礼品的包装。天然木材作为材料，体现出产品的高品质、本地生产和全天然的属性。这是一件仿生设计，处理得非常漂亮：一个精致的蜂蜜瓶，正如蜂窝放置蜂蜜一样。自然的木质材料组成连续的环形结构，收到礼物的人小心翼翼地打开包装，慢慢地看到里面珍贵的蜂蜜。品牌名称和 logo 被设计成模仿蜂蜜嗡嗡叫和起舞的样子。这件独特的包装设计在广告业和包装行业中斩获了许多大奖，从世界各地收到了积极的反馈。

2013 Pentawards 全球包装设计奖金奖作品

Brigadeiro 巧克力

设计：Bia Castro / Mariannna Dutra

该公司专门生产巴西传统手工 Brigadeiro 巧克力点心。为了突出原料天然有机的特点，包装采用了黄麻纤维。黄麻纤维是天然蔬菜纤维，坚固持久，成本低廉并且可生物降解。包装灵感来源于装可可豆的麻袋。这款包装传达出 My Sweet 自然新鲜和手工制作的品牌理念。

巫女的汤纯天然沐浴粉

设计：Chiun Hau You

这款包装设计将自然界中的石与木进行结合，我们能够发现市场上充斥着不太环保的同类产品包装，而这两种材料的结合把它与普通的包装区分开来。使用石和木作为温泉浴粉的包装材料，给人一种温暖、亲切和自然的感觉，能够让用户通过最纯净和自然的方式享受温泉。这款包装不仅可以将产品美观地呈现在使用者面前，而且每个细节都透露着环保的理念。

砂砾礼盒

设计：Alien and Monkey 工作室

该设计打破了传统包装和打开礼物的方式，使用世界上丰富的自然资源之一"砂砾"制作出这款礼物包装盒。目前的礼物包装大多华而不实、浪费严重，而这款砂砾礼物盒可在取出礼物后直接碾成细沙，不给环境造成任何压力。设计师不仅想让收到礼物的人更加珍惜拆礼物时激动的心情，也想将可持续包装的理念传递给所有人。

Brooks Running 鞋盒

设计：波特兰设计代理有限公司

该包装的主要材料为天然竹子，包装外形由四个雨滴形状的竹桶组成。包装盒中还包括了一份创新有趣的说明手册，以便消费者更好地了解产品。

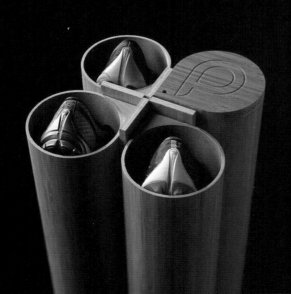

合成材料 //

随着人们对环境的关注度越来越高，合成材料正在逐渐取代金属，成为包装中使用的重要材料。合成材料包括可降解塑料、合成橡胶和合成纤维。这些材料在包装上的使用大大提高了包装的耐受度，更便于产品的保存、配送和运输，从而减轻环境压力、减少污染。例如，尼龙瓶从外观上看起来与塑料并无差异，但实际上是更加柔软耐用的尼龙材质，待里面的产品用完后还可做花瓶。

合成材料往往不需要高质量的原生纸浆，在一定程度上减少了对资源的浪费。合成材料性能优异，随着人们对环境资源的关注越来越高，设计师在包装材料的使用上，在确保包装的保护功能、运输功能、展示功能的前提下，应考虑使用合成材料。如几位英国伦敦设计师设计的可食用水瓶"Ooho"，是用海藻制成，可生物降解，甚至可以吃掉。它采用球化（spherification）工艺，将液体变成球体。这种包装既方便又环保卫生，且造价低廉。

由于合成材料是提取天然材料合成新型材料，大部分能够自然降解，达到零污染的效果，因此越来越多的新型合成材料被应用到包装中。

2015年，可口可乐在米兰世博会食品技术会议上展出了它的产品新包装。瓶身仍是塑料制成，不过不再以石油为原料，而改为从甘蔗中提炼原料。此次新包装的突破也是可口可乐公司在推进新型绿色包装科技中的一个成果。可口可乐称，最终目标是要做一种"100%可重复使用、可循环利用的瓶子"。

凯歌香槟酒泡沫纸盒

设计：PaperFoam BV

凯歌酒庄（Veuve Clicquot Ponsardin）是一家位于法国兰斯的香槟酒庄，专注于提供高品质的香槟产品。凯歌酒庄邀请了荷兰一家专注于为易碎品和注入模型做包装设计的公司来为他们设计包装。其设计的包装材料是可持续且可生物降解的，很轻且耐抗击，减少了潜在的运输成本。这种材料与纸张非常相似，是由工业马铃薯淀粉、自然纤维和一种特殊的预混合材料组成的。这些成分比纸更加耐用，而且其绝缘品质保证了里面的液体保持低温。

凯歌酒庄基于生物的包装设计代表了可持续创新包装设计领域的一大跨越。

纤维太阳镜盒

设计：Sara Bdeir

设计师使用 Solidworks 软件和数控机床制作了一个由两部分组成的木制模具，设计出这款天然纤维的太阳镜盒。Fexform 技术公司为设计师提供了一种可生物降解的天然纤维薄板材料，并希望设计师用这种材料设计出独特的产品，展示材料的可模塑性。设计师希望赋予盒子时尚、有趣的外形，使其成为兼具实用性和美观性的包装盒。在绘制了几张草图之后，设计师决定在太阳镜盒中央设置一个鼻子形状的支撑物，这一设计也为太阳镜盒增添了几分诙谐的意味。为了吸引更多的客户，设计师决定用不同颜色的纤维织物制作女款和男款的太阳镜盒。

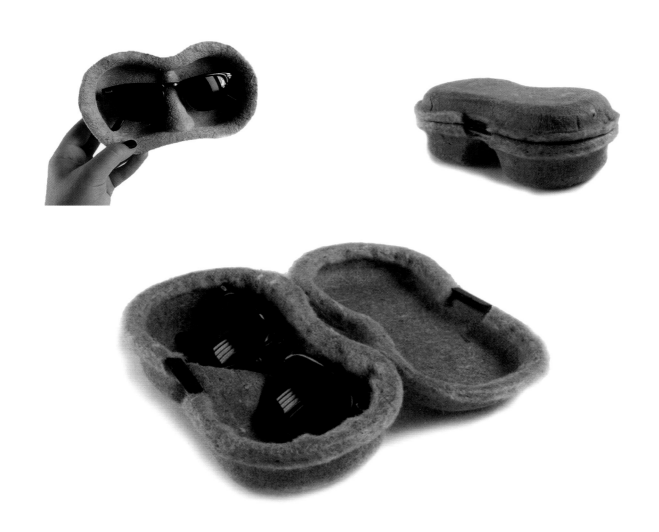

Naked 护肤产品

设计：Stas Neretin

　　该系列产品的主要包装材料为可生物降解塑料，设计师在瓶身上涂抹了一层特殊感温变色漆。其瓶身赤裸，毫无隐瞒地将产品的特质展现在消费者面前。包装外观颜色娇嫩，线条柔和，好似人类躯体。当使用者触碰到瓶身时，瓶身就如人体一般会因羞怯而变得炙热。材质为产品增添了环保的优势，外形独特而又充满设计感，这是一款夺人眼球的包装。

🏆 2015 Pentawards 全球包装设计奖金奖作品

上物酿米酒酒瓶、外盒

设计：贵州清目堂品牌设计有限公司（郭文波）

贵州上物酿酒业出色的酒质及口感，在消费者心目中留下了良好的印象，然而老产品在包装上采用的大都是一些通用现成的包装物料，视觉效果过于陈旧，缺少现代气息，包装设计缺少记忆点和品牌个性，对消费者的吸引力不够。企业急需改变产品包装，彰显个性，提升品牌形象。

经过委托和设计双方综合分析，贵州上物酿酒业决定升级产品包装，在材质和物料的选择上更注重再生环保，强调手工感。竹板与环保纸张的使用使包装整体透出质朴而又不失珍贵之感，在品牌文化上体现出更多的乡间人文情怀和酿酒人的工匠精神。

在包装的生产上，采用再生环保竹板雕刻和环保特种纸品无印刷成形，贴少量的纸质印刷品，降低油墨印刷版面率。贵州盛产竹子，竹板的运用符合地域特征。瓶形的设计结合了牛角、大米、石磨等元素。包装上的视觉图形是从酿酒相关的物与境的符号中提炼而来。贵州是高原山地地貌，自耕自种，精挑细选，小规模纯手工精制米酒，恰如文案中所写："在上之上，物华之酿。一舍一坊，一酒一物，一杯一盏，酒如人兮人如酒！"

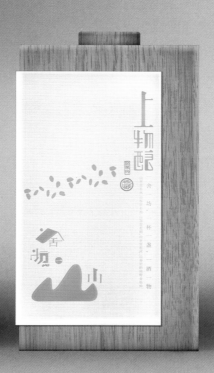

可回收材料 ///////////////////////////////////

可回收材料包括纸、棉麻纤维、金属和玻璃等材料。可回收利用的包装是指包装进入回收系统后可另做他用，这不仅提高了包装材料的利用率，也降低了成本，而且可以节约大量的能源和减少其他资源的消耗，同时减少对环境的污染。例如，废旧报纸可以经过加工成为纸浆制品，用于产品包装。

包装的回收利用可减少生产包装材料过程中的环境污染，节约制造包装物所需的资源，提高资源利用率，减轻垃圾填埋及焚烧压力。如 1 吨废纸可生产 850 公斤品质良好的再生纸，可节省 3 立方米木材、300 公斤化工原料、1.2 吨煤和 600 度电，使用废纸造纸比原木纸浆可减少 75% 的空气污染、35% 的水污染、60% 的用水和 40% 的能源消耗，并可减少大量的废弃物。

可见，可回收材料的使用对减轻我国环境污染、节约能源有着战略性的意义。我国虽然幅员广阔，资源丰富，但是人口基数较大，人均资源占有率较低。人们在日常生活中使用带有可回收标识的包装，分类回收包装废弃物，提高其回收利用率，可以有效地节约资源，减少环境污染。

Nalewka 酒精饮料

设计：Adrian Chytry、Izabella Jankowska

这款包装使用天然且环保的 100％再生纸和麻布制作而成，麻袋上方还配有一条拉绳，便于收纳和携带饮料。标签保留了古法手工制作产品的特色。瓶身上还贴有注明瓶装数量和生产日期的手写标签，让每个饮料瓶都独一无二。浑圆的瓶身配有一个木制瓶塞。瓶身标签上的水果素描是受古老雕刻插图的启发设计出来的。每种口味都配以不同颜色的标签，有助于消费者区分不同口味。这款酒精饮料的外包装袋采用简单且环保的麻布制成。

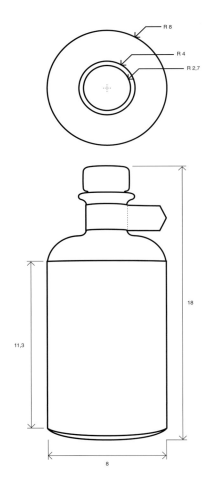

Shirokama 北极熊大米

设计：Ishikawa Ryuta

这是一个来自日本的专注打造无公害、有机大米的品牌。该品牌希望设计师打造一款看起来"既好吃又安全"的包装。设计师选用环保的牛皮纸作为包装材料。牛皮纸包装袋上印有一个白色小熊的插画，小熊形似一颗饱满的大米粒，给人一种安全可靠、米香醇绵的感觉。这款将北极熊图案和大米粒相融合的设计，有助于提升产品的知名度，加强人们的环保意识。

椒盐容器

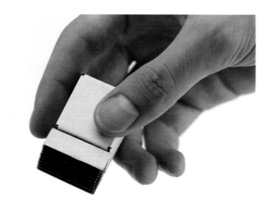

设计：Lamberto Anderloni

在设计这款包装时，设计师需要面临的挑战是用熟悉的材料设计出与众不同的东西。在对瓦楞纸板的潜在价值进行研究时，瓦楞纸板的波形部分引起了设计师的极大兴趣。曲线不仅可以增加包装的视觉效果，也是一种趣味性设计元素。灯具制造者发现，光线可以从瓦楞纸板表面的孔隙中透射出来，材料的叠加使用可以营造一种特殊的效果。设计师从这个思路出发获得了该项目的设计理念：如果光线可以穿透材料表面，那么其他物质或许也可以，而这种物质应该是干燥、细小、像沙子一样的东西。因此，设计师决定用瓦楞纸板这种环保材料制作一款椒盐容器，赋予传统器物以新的形式。这是一款可回收的环保包装。

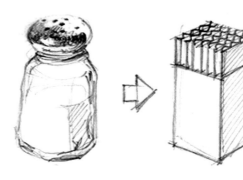

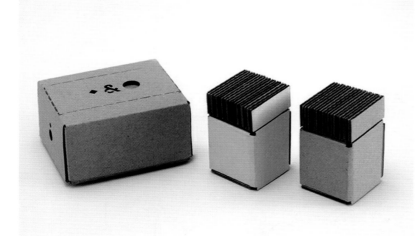

拉朵蕾亚有机橄榄油

设计：Leandro Katsouris, Spyros Kyzi

拉朵蕾亚（LADOLEA）纯手工陶瓶的制作灵感源于历史底蕴深厚的希腊科林斯地区。该地区是古代瓶罐制作的发源地，早在公元前 700 年，这里就诞生了陶壶。这种不透光的陶瓶可以有效阻挡光线，进而锁住橄榄油的原汁原味。橄榄油外盒是由可回收的牛皮纸制作而成的，每个陶瓶附有一个软木塞，用完的空瓶还可以再次填装橄榄油，达到重复使用的目的。

◇ 2014 Reddot Award 德国红点设计大奖银奖作品

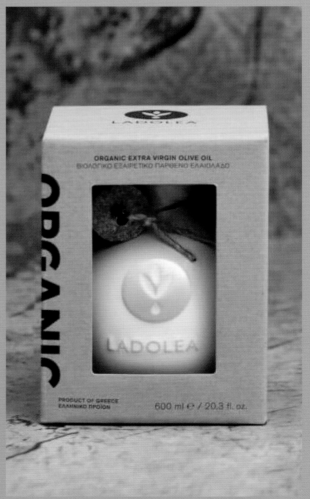

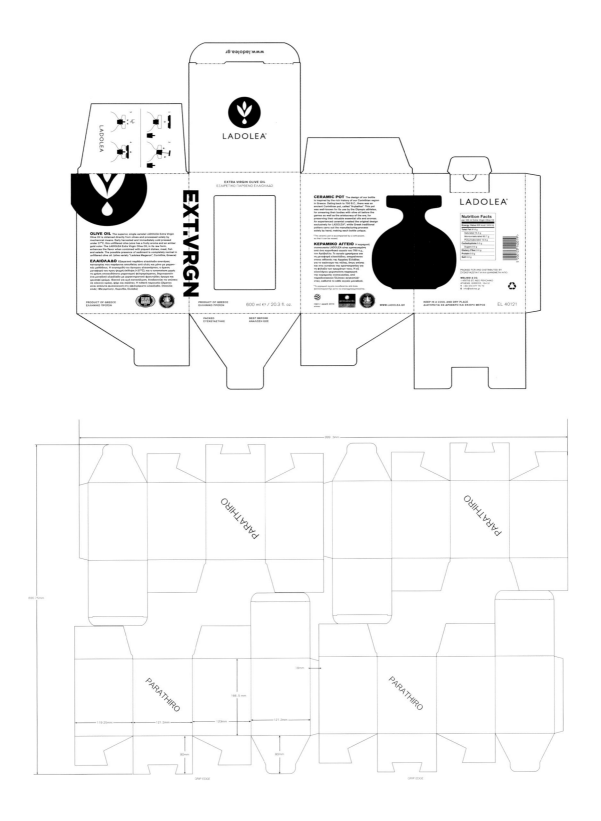

Nishikigoi 锦鲤酒

设计：Bullet Inc.

这是一款为日本清酒设计的包装，将栩栩如生的锦鲤图案融入包装设计中。设计公司将白色瓷瓶比作"锦鲤"，在瓶身上绘制锦鲤花纹，并在产品外包装盒上切割出锦鲤形状的"窗口"，使产品更加生动地呈现在消费者面前。外包装盒采用"Kihoushi-FS"的环保纸制作而成。这种环保纸采用非氯气漂白木浆制作而成，并已通过日本森林管理委员会（FSC）的认证。

◇ 2016 Pentawards 全球包装设计奖铂金奖作品

见心古树普洱茶饼包装纸

设计：上海见心传媒创意（扬子）

普洱茶饼既可品饮又可收藏。此包装采用一系列童年记忆手绘插画，传递出浓郁质朴的怀旧之情，去除浮华，保持纯真，与普洱茶主题"见心"意合。

茶饼包装纸选用了特殊的白棉纸。这种白棉纸用树皮制作，柔韧性好，抗拉力强，可以在运输过程中有效保护茶饼，同时具有良好的透气性，有助于茶叶的存储和自然陈化，且容易降解。

富贺源有机农产品

设计：潘与潘品牌设计事务所

　　该设计以牛皮纸为主要包装原料。牛皮纸可降解无污染，充分体现了天生天养的绿色环保理念。包装中图案全部为纯手绘，以配合产品的天生天养的特性。不同的产品配合绘制不同的植物及生长环境，还原本真的绿色生态养殖环境。手绘的技法更具亲和力，使包装图案抓住消费者的眼球。包装进入市场后，市场反馈极佳，也是对设计师另辟蹊径的思路的肯定。

瓦楞纸红酒盒

设计：成勇

　　设计师利用瓦楞纸质量轻、强度高、易加工成型的特点，巧妙地进行切割，折成酒瓶外包装，对玻璃容器起到很好的缓冲保护作用，也便于运输储藏和回收。酒标使用低版面单色印刷，都是降低成本和彰显绿色环保功效的举措。

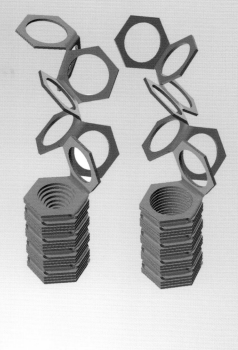

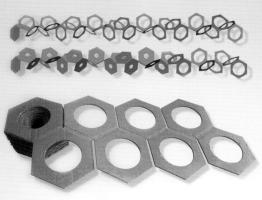

三研茶舍花草茶盒

设计：北京沃奇文化创意有限公司

　　考虑其产品的受众为年轻女性、白领，此款包装为体现花草茶天然健康的产品理念，采用单色植物插画表现花草茶，使用白棉絮纸和棕色牛皮纸作为产品的外包装，给消费者清新淡雅的感受，迎合广大年轻消费群体。包装盖子采用软木塞，环保材质体现在视觉心理层面也符合花草茶质朴自然的品类属性。

全聚德烤鸭系列

设计：福建省华一设计有限公司

"全聚德"烤鸭作为中华老字号，品牌文化源远流长，形成了独特的文化内涵。包装整体风格提取了老北京四合院古民居造型，内包装采用真空包装，保鲜性能好，在包装特色上的独树一帜。包装上采用传统工笔画的形式描绘了全聚德的发展历程与制作手法，更加具象地展现出品牌文化，让广大消费者对全聚德有更深层次的认知。

不同风味的产品用不同色彩区分，沉稳的同时有系列感。包装材质使用轻便的环保纸，降低了生产成本。

可降解材料 ///////////////////////////

可降解材料是在一段时间内，在热力学和动力学意义上均可降解的材料。按降解的外因因素来分，可分为光降解材料和生物降解材料等。如加入淀粉、纤维素的改良性材料制成的可生物降解塑料，可以在自然界中经过微生物的腐蚀分解为低分子化合物。其特点是不依赖石油，是从生物中提炼出来的，减少了对环境的污染，废弃后可自行分解，甚至可以改善土壤，顺应当今环保的大趋势。

可降解材料大致可概括为可降解塑料、合成纤维等新型材料。由于环境污染加重、能源短缺，近些年，新型材料的研发和使用逐渐成为趋势，如以从玉米或土豆中提取获得的生物基油画，为原料制成的生物可降解材料。这种材料在处理的过程中不产生有害气体，对环境无污染。

目前应用最为广泛的材料是聚乳酸（PLA）材料。这种以有机乳酸菌为原料制成的新型聚酯材料具有良好的可降解性和机械性能，易于塑造成型，被产业界认为是21世纪包装材料中的一颗新星，在未来具有广阔的应用前景。聚乳酸材料在降解的过程中只产生二氧化碳和水，不会对环境造成污染。由于易于热塑成型、耐磨，因此可广泛应用于制造业中，如快餐盒、纺织品制造、食品包装等领域。

近期日本开发出木粉塑料包装材料，通过从木粉中提取多元醇，然后与异氰酸酯发生反应，从而形成聚氨酯。这种木粉塑料抗热性极强，可被生物降解。随着经济的发展和包装形式的丰富，为减轻包装废弃物带来的污染，我国正积极进行包装材料的研发，并取得可喜的成果，如由苏州大学研制成功的高水溶性薄膜。将薄膜投入一杯普通的冷水中，它在水中会迅速缩小，50秒以后消失。这种无毒、可降解的高水溶性包装薄膜，是一种实用性很强的环保材料。

推广使用可降解材料是减轻环境污染的有效手段，使用新型材料代替传统不可回收、难以降解的材料，成为各大产业领域的发展趋势。

陶瓷包装

可降解食品碗

设计：Michal Marko

设计师希望借助这个一次性食品碗项目，从一定程度上解决有害塑料垃圾的问题。使用者可以丢弃这个包装盒，或者更好的选择是依照包装盒上标签的提示，在包装盒内放些泥土，撒上附在盒盖上的草本植物的种子，浇水培植。种子开始发芽后，使用者就可以将草本植物连同包装盒一同栽种到室外土壤中。包装盒将会为植物提供充足的养分，直到最终分解腐烂。在这期间，使用者可以观察到整个转化的过程。该项目的设计理念可引发大众对可生物降解材料的兴趣和关注，培养人们的环保意识。

高尔基冰激凌包装纸

设计：Just Be Nice

俄罗斯人们设计师打算为记忆中的高尔基公园的冰激凌设计一款全新的方案。明亮活泼的色彩和小巧清新的图案可以区分冰激凌口味，并且容易使人联想到休闲美好的户外时光。设计师采用老式牛油纸作为冰激凌包装，它很薄且有一定的透明度。更重要的是，这种材料易于降解且可回收利用。

Mesa Baja 蔗糖袋

设计：Milos Milovanovic

　　哥伦比亚蔗糖品牌 Mesa Baja 推崇天然有机及可生物降解的理念。其产品包装旨在打造全新的品牌形象，着重强调哥伦比亚地区肥沃土壤和农民的重要性。包装整体选用复古风格，蓝色徽章图案为包装带来优雅精致感，表达了品牌对于传统和农民的尊重。包装采用可回收利用及可降解的再生纸为主要材料。

Omdesign 葡萄酒盒

设计：Omdesign

　　该葡萄酒包装的结构和形式受橡树种子启发，这种天然形成的包装为葡萄酒提供了直观和有效的借鉴模式，有效地达到了回归自然的目的。此包装结构和形式的灵感来自橡木种子，因此所选材料是橡树软木和其他环保类木材。除产品外，包装中还含有一种覆盖着土壤的橡树种子，消费者可以通过种植参与拯救软木橡树。独特的包装结构具有互动功能，操作简易，只需几步，它的包装就可以变身花盆，新树可以在花盆里生长。

💎 2018 iF Design Award 德国 iF 设计奖金奖作品

Bennison 肥皂式包装袋

设计：Gyro New York

　　Bennison 是一家高端儿童睡衣品牌的制造商，一直在为世界各地的贫困国家捐赠和提供睡衣。在此款产品包装中，睡衣被装进可溶于水、无毒、可生物降解的肥皂纸制成的包装袋内，使用者只需撕下一小块包装袋，并将其投入水中，即可做成肥皂水。除此之外，包装袋上的墨水也可以轻易溶解，方便使用且环保，体现了包装零负担的环保理念。

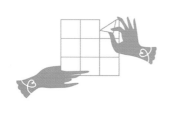

八马茶叶盒

设计：靳刘高设计（深圳）有限公司

八马茶业的新形象围绕"商政礼节茶"的品牌定位，表现大礼不言的礼文化，寻求中国马文化、礼文化与品牌的结合。将具有马鞍形态的"八"的符号融入礼仪马形象，表现出对"礼"的崇尚。两款高端产品系列设计，从产品特性再到独特的包装设计理念，呈现出品牌与产品形象格调统一、相辅相成。

普洱被誉为"能喝的古董"，设计师刘为八马一款高端普洱产品命名为"尔礼"，"尔"通"洱"，表示如此贵重的礼品之意。"尔礼"系列选用原生态的材质，以水松木为载体，既体现产品的古朴和厚重，也满足了普洱对通风存放的需求。以光绪年间金瓜贡茶为原型的金属锭，是整个包装的点睛之笔。整体包装风格现代，材料工艺讲究，延续了八马尊贵、品质、礼诚的品牌价值。

铁观音本是一种介乎绿茶与红茶之间的半发酵茶，有绿茶的清香、红茶的浓郁，性中庸。八马铁观音高端系列被命名为"观想"，"观其形，想其意"。"观想"系列包装从概念、造型、材质等不同角度诠释"八马·观音韵"。透过叶片和涟漪的交融，流露出"一花一世界，一叶一菩提"的禅意，再结合瓷、木、锡的材质，彰显出产品的尊贵气质。锡的硬朗、瓷的柔和、木的灵性，用不同的质感表达"刚柔并济"的人生哲学。

安康农场肉类食盒

设计：靳刘高设计（深圳）有限公司

产品定位的受众是中高端购买人群，但并没有选用复杂的包装材料和结构。为了突出产品的"绿色"健康，产品名称采用了传统书法字，配以稻谷印章，以传统的表现手法表现农产品质朴真诚的一面。而辅助图形则用轻松的插画表现农场，以憨态可掬的走地猪为基本形，又融入了树木、绿地、山川河流等图形元素，描绘了天然的生态环境，从图形的视觉上映射企业坚持生态自然的饲养环境，给受众营造"优质放心产品"的心理暗示。

产品包装设计则通过主视觉形象与辅助图形的组合，突出品牌生态、健康的品牌调性。其中有机鸡包装设计采用可降解塑料材质，搭配手提袋，使整个包装具备轻便属性，同时具备品牌特色。走地猪猪肉包装沿袭有机鸡包装风格，同样采用可降解塑料材质拖盒，附带具有安康特色的标贴，整体包装迎合家庭"绿色、健康"的消费理念，备受消费者青睐。

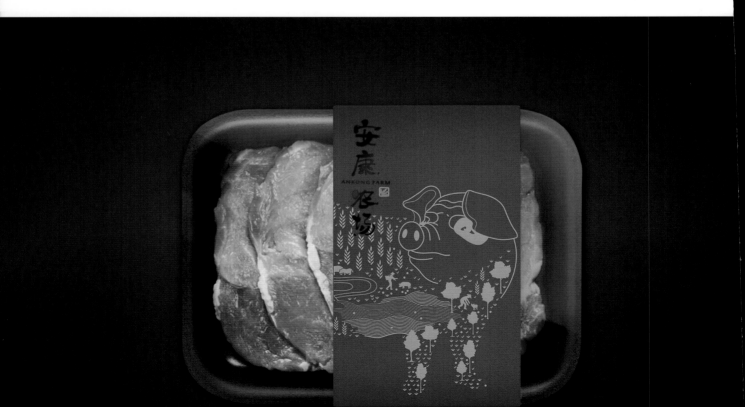

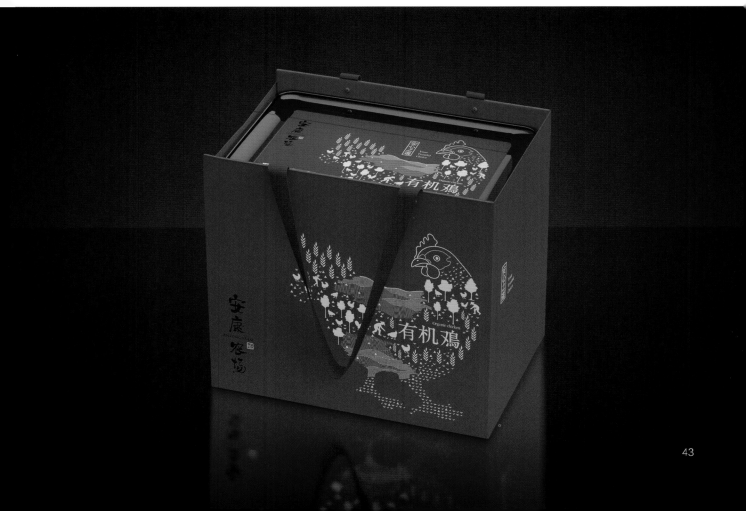

可重复利用材料 ////////////////////////

　　现在的设计师进行包装设计时不仅要考虑到包装材料的绿色化，同时也要考虑包装的可重复利用功能。即当一个商品被使用后，其包装可以让人再次利用，以达到节约资源、保护环境的目的。

　　包装材料的重复利用在减少垃圾处理量的同时也降低了垃圾回收的难度，这是对环境保护有效的方式之一。对于材料的重复利用的案例也许首先会想到可口可乐的玻璃瓶型包装，类似的还有啤酒、酱油、醋等采用的瓶子，这些瓶子在经过回收清洗消毒之后可再次使用。除常见的玻璃瓶子外，聚酯饮料瓶和 PC 奶瓶可重复使用达 20 次以上。通常情况下的包装在被打开后，它的使用寿命就开始了倒计时，但是如果我们赋予了包装可以重复利用的价值，那么它不仅仅可以延长包装的生命周期，同时也有益于环境的保护和资源的节约。

　　可重复利用包装相对于一次性包装而言降低了包装的废弃率，同时提高了产品的保质期，有效地保证了产品的质量。对于企业而言，使用可重复利用包装可以降低企业生产包装物的成本；对于消费者而言，精美的可重复利用包装会在使用后产生新的使用价值。

　　如下图的蜂蜜包装，它与传统的玻璃瓶或者塑料瓶包装不同，而是以蜂蜡制成包装。当顾客用光蜂蜜时，可以把瓶子翻过来，这时候会发现一根蜡芯。此时，蜂蜡包装就变成了蜡烛，达到物尽其用的目的。可重复利用型包装不仅能让生产商降低成本，而且新颖的包装功能更受消费者的青睐，更重要的是这种包装不会对环境造成污染。

蜂蜜包装

禾川春夏秋冬系列茶叶礼盒

设计：汕头市大天朝品牌策划有限公司

包装设计选取了传统大气的元素，结合柳州特色文化，使禾川品牌的整个外观质感更加独特亮眼。春夏秋冬四个节气对应相应的茶叶，同时辅之以不同情景的品茶图。金属铝材质可再利用。外盒采用绒布盒子，低调而不失内涵。

Holcim Agrocal 增肥粉

设计：Studio Sonda

为了便于使用，设计师将该款产品的容量设计为 4 公斤的轻型包装。其目标是将包装打造成生态的、易降解的环保包装，因此包装纸张只使用一种印刷颜色，以节约印刷油墨。增肥粉用完后，木盒可以重复利用，达到了包装功能延伸的目的，盒身上的孔洞便于手握和运输。此外，刻在盒身上的话语是为了鼓励园丁互相帮助，为包装增添了人文关怀。

💎 2016 Reddot Award 德国红点设计奖作品

法云安缦酒店中秋月饼

设计：陈卫

　　为契合法云安缦酒店古朴的特点，设计师在设计这款月饼包装时打破了常规月饼包装的形式，采用藤条与棉布，既保证了月饼的高品质，又显示出古朴静谧的人文色彩。此外藤条和棉布均为可重复使用材料，增加了包装的重复利用率。

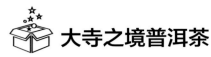

大寺之境普洱茶

设计：北京顾鹏图形设计有限公司

大寺之境（普洱生茶）的"回、如、非"系列中的"回"字是指饮茶后的回甘、回味；"如"字是指茶醉时的飘飘然，如云彩环绕，如醉如痴；"非"字是指茶逸，看山非山，看水非水……

通过对这几个关键字的提炼，强化消费者在品茶后的感觉与心境。抽象的图形表达别有一番意境，这就是意道，阅读、饮茶、论道……去除了文字信息的铁盒外观，成为消费者愿意再利用的收纳容器。

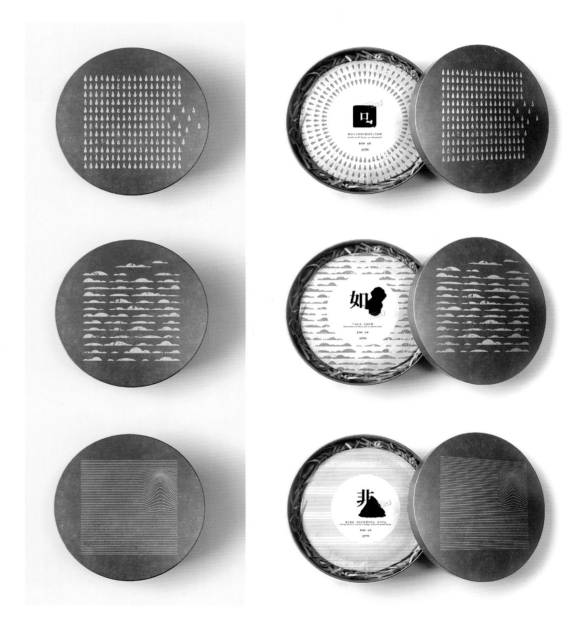

宽窄盖碗茶盒

设计：成都磨石品牌投资管理有限公司

茶叶包装以金属质地为主。有别于其他类型的茶叶包装，该包装采用异形，结合仿生设计手法，模拟了盖碗茶轮廓，颜色统一素净，形态精美，形象直观。整体造型独特优美，因此达到令消费者不舍丢弃而多次使用的目的，以实现再利用的价值。

宽窄熊猫系列食品罐

设计：成都磨石品牌投资管理有限公司

在原有铁罐基础上，增加密封结构，一方面使包装内容物开封后，能再次密封。同时密封功能也可运用到生活中的其他方面，例如保存家中的其他小食品，达到回收再利用的环保功效。另一方面，熊猫的视觉符号搭配"我爱您成都"的文字，增加了包装的地域文化特色。成都是旅游爱好者的热门目的地，产品升级为伴手礼的定位更能得到消费者的心理认可和喜爱。

瑜膳堂系列罐头

设计：北京博创高地国际广告设计有限公司

瑜膳堂系列罐头包装设计风格简约、时尚，用果皮的创意来表达果肉和营养都在罐头里的概念，好玩有趣。在图案设计上用不同的水果代表不同的口味，便于消费者根据喜好进行选择。在颜色搭配上选用亮丽的颜色，让人们看到包装便联想起水果新鲜多汁的口感。在材质选择上，采用铝罐为材料，凸显包装的高品质，另外铝罐可以回收利用，更加环保。除此之外，人们还可以用铝罐存放其他食物。这款罐头包装轻便易携带，满足了消费者外出携带的需求，符合终端年轻消费者的需求。

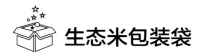 **生态米包装袋**

设计：天津嘉鹤广告有限公司

该包装选取的材料为环保的布料，弘扬了传统东方农作
文化品牌的同时，体现了生态环保的绿色理念。

减量设计

形态简约 ////////////////////////////////

　　包装设计中，在保证包装容积和包装强度的前提下，对包装的层次与结构也要进行考量，既要使结构简洁，又要考虑减少包装层次，做到形态的简约化。

　　包装中的形态简约设计可以通过减量化实现，而减量化作为绿色包装设计的原则有着重要的指导作用。包装的减量化设计主要指包装在完成了保护、销售、方便等情况下尽可能避免不必要的材料与结构的浪费，去除多余的装饰，尽量达到简约化的包装效果。

　　实现形态简约首先要遵守适度原则，即优先选择简易包装，拒绝烦琐的结构形态。其次要遵守适量原则，即包装的材质和结构都要符合包装的需要，拒绝商品过度、无节制的层层包裹和材料的浪费。

　　Ecotech 项目描述的是一个环保品牌，它向消费者销售电子产品和配件。该项目的理念是设计并制造三件封装节能灯泡的包装。此款包装只使用一张卡纸，经过折叠穿插将灯泡包裹，摒弃了传统繁杂的灯泡包装方式，既简化了包装，又有效地保护了内部产品。

　　总之，绿色包装设计应摆脱烦琐复杂的气息，追求简单、自然的意境，秉持"少即是多"的设计理念，从简约中体现包装的魅力。

Ecotech 灯泡包装

Cowberry Corassing Farm 鸭蛋纸筒

设计：Heidi Kim

　　这款包装是用一块平整的纸板卷合而成的，不使用任何胶粘剂，非常环保。包装上有 4 行 8 个孔洞，用以对鸭蛋进行单个固定，以保护易碎的蛋体。该包装易于农民在农场组装，也便于人们在购买时查看鸭蛋是否完好无损。

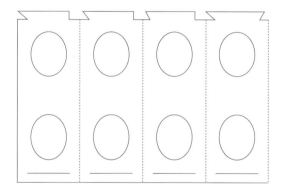

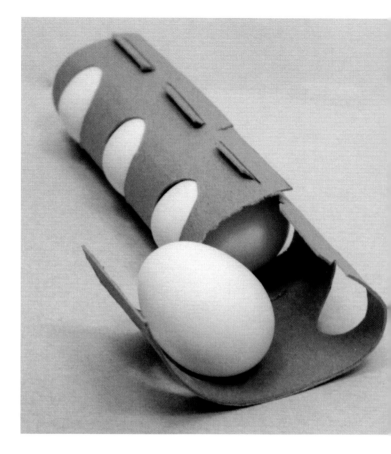

彪马环保跑鞋

设计：Yves Behar

PUMA 与工业设计师 Yves Behar 合作，研发出一款新型超环保的"聪明小提袋"（Clever Little Bag）。这款新包装减少使用了 65% 的原纸用量，纸盒加提袋的设计概念与传统鞋盒相比节省了更多空间，便于储存和运输，而且不需要另外使用塑料袋，携带更加便利。因这款包装比传统包装节省了大量原材料，以及可观的减排而获得无数好评。

2011 iF Design Award 德国 iF 设计奖作品
2012 Green Good Design Awards 绿色设计优秀奖作品

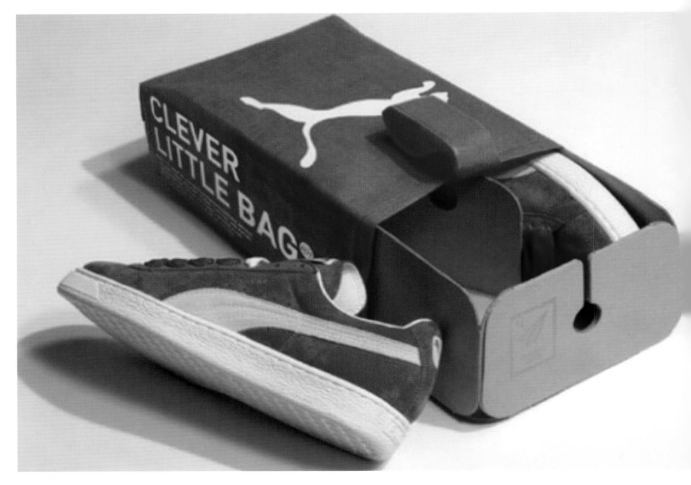

BOQUERIA 鲜果袋

设计：Paula Sánchez , Laia Truque , Miriam Vilaplana

　　该项目旨在对波盖利亚市场用来盛装新鲜水果的塑料玻璃包装进行改进。这项设计面临的主要问题是这种包装材料的使用寿命很短，其主要使用者是到访波盖利亚市场的游客和流浪者，食用完水果后这些包装会变成大量的垃圾。针对这一问题，设计师设计的包装更加环保。该设计灵感来源于日本折纸工艺。设计师设计出一款用精磨纸制成的包装，摊位主可以用木签对包装进行折叠，同时木签又可作为包装的封口，之后再用作吃水果的叉子，十分便捷。

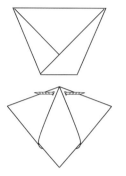

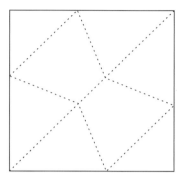

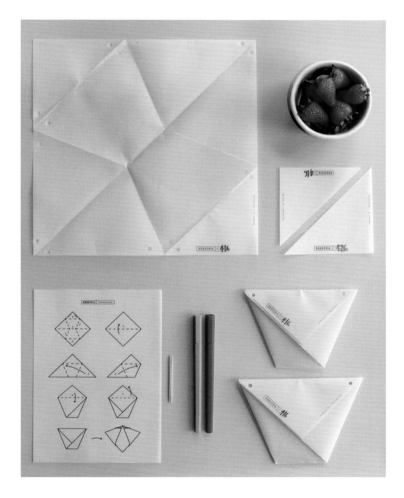

Pandle 抹布盒

设计：Hani Douaji

　　设计师为 Pandle 赋予了一个新的包装理念，允许消费者查看和感受包装内的产品。该包装设计直接向消费者说明了产品的用途和益处，并展示产品的趣味性，让消费者产生触碰和感受产品的想法。这款全新包装的设计灵感来源于产品的用途，设计师将包装上手掌形状的部分穿过产品，上面印有简单的手背图案。这款包装采用再生牛皮纸制成，不仅可以减少成本，而且非常环保。

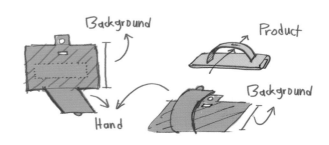

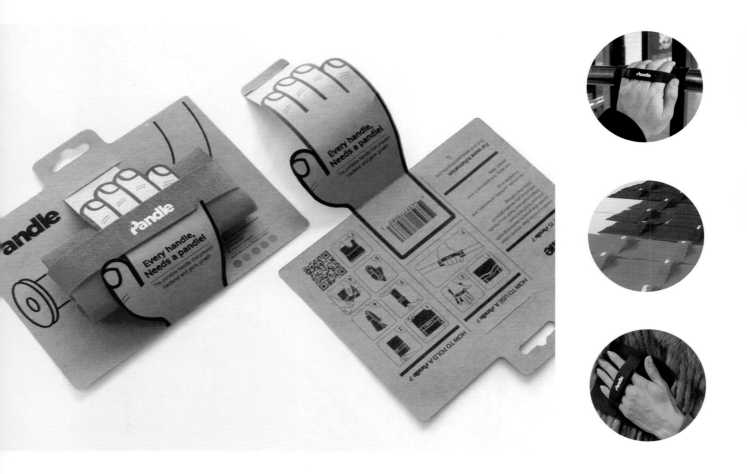

好趣觅豆腐乳

设计：敦阜形象策略有限公司

设计师以"倾听大地，感受土地温度，为小农小民发声，当地好食物"的理念出发，延伸出"好趣觅"的品牌名称。包装简洁而有文化内涵，方便消费者使用。

明德食品——自然风味系列

设计：艾德彼创意设计公司（中国台湾）

该产品严选三款经典酱料，制成小容量包装。使用水彩底纹呈现明德酱料的自然风味，质朴无华的食材也透过插画别致地体现在包装上。早期台湾的玻璃酱料皆是以麻绳捆绑木箱运送，此次透过包装结构搭配提绳的设计，复刻了传统意象，省去了不必要的包装，减少了提袋的使用，与消费者一同为环境尽一份心力。

结构优化 //////////////////////////////

　　包装的结构主要指组成包装的各种材料之间的相互联系、相互作用的方式的总和，也就是说，结构是材料在包装整体中的组合方式和存在方式。包装结构设计是包装设计中的一个主要方面，如果结构设计合理，则可以节约包装材料、节省包装体积，从而减轻对环境的压力。优化结构还可降低包装生产造价和运输过程中的成本，实现利益最大化，最终达到绿色环保与经济效益上的双赢。

　　优化包装结构就是在保证包装容积与包装强度的前提下，尽量减少包装体积，减轻包装的重量，精简包装的结构。通过数据测算可以得知，在包装体积一定的情况下，球体形态的包装结构最能节省包装材料，而圆锥体积形态的包装最浪费包装材料。对于长方体包装来说，体积一定的情况下，长度、宽度与高度都相等则外表面积最小，即正方体包装是方体包装中最节省材料的形态。

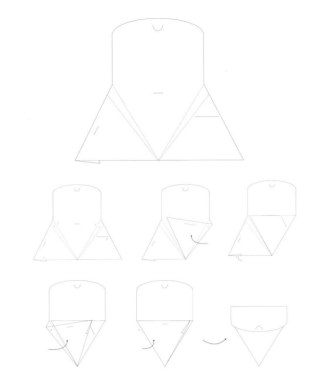

　　结构的优化还可以通过减少包装空间的容积率实现。包装的容积率是指从产品包装容积中扣除产品体积所余下的空间容积部分和包装容积的比例。这样做的目的就是通过降低容积率减少材料的应用，达到绿色环保效果，避免不必要的资源浪费。

　　AREPA 食品包装是一个很好的例子。该包装是一个食物打包系统，主要服务于那些没有时间去餐厅就餐而又想要吃得好一些的年轻消费群体。该包装由一系列卡纸折叠而成，没有使用任何黏合剂，可以手动组装。这一包装不仅包裹和保护了食物，且方便消费者直接食用，携带时也很便利。此款包装有别于传统的外带包装，进行了结构优化，不仅为消费者带来便利，而且体现出了绿色包装的设计理念，让"绿色设计"深入人心，真正实现资源的永续利用。

AREPA 食品包装

Sustainable Expanding Bowl 泡面

设计：瑞典 Innventia 公司

该包装专为冷藏脱水食品而设计，100% 可降解生物基制料（生物基材料是指利用可再生生物质，包括农作物、树木、其他植物及其残体和内含物为原料，通过生物、化学以及物理等方法制造的一类新材料）。该包装可在运输过程中处于压缩状态，从而节省空间。当加入热水后，材料在热量作用下发生反应，由压缩状态膨胀为碗状进行使用，巧妙地将科学家的技术与设计师的创意融为一体。

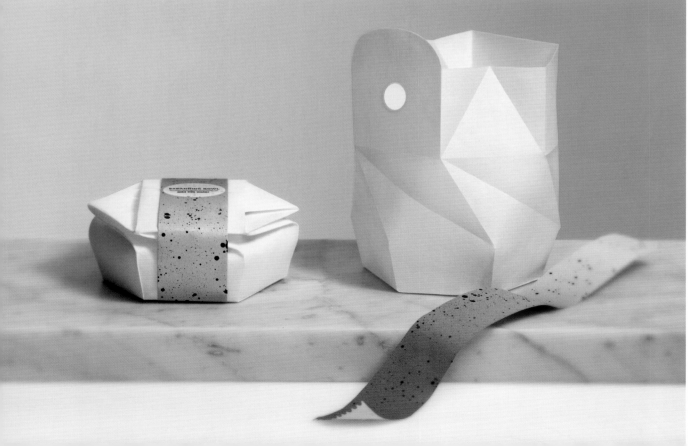

 **寿司盒**

设计：Jordan Hau

此款包装设计的灵感来源于传统的灯笼造型，当人们食用完寿司后，包装外壳还可以折叠保存，方便重复使用。包装强调可持续性和可移植性，可以灵活调整容纳不同数量的寿司，达到包装利用效率的最大化。产品使用单色油墨印刷工艺，质朴而富有现代感。这种形式鼓励了传统的分享价值，唤起了消失的民族文化。

 +  =

SIS 有机果汁饮料

设计：Backbone Branding

　　Backbone 品牌包装设计公司为 SIS 天然果汁制造商打造全新果汁产品 Yan。包装设计公司团队将产品定位为高档产品，继而开发出独特的瓶型。瓶子的概念基于生物仿真原理，以咬过的苹果为瓶子原型。此款瓶型在货架布置上减少了空间的浪费。新款有机果汁系列的标签设计采用风格化的书法体，纸质为再生纸，贯彻了"有机的一切"的品牌理念，为推动 Yan 新品牌发展注入新动力。

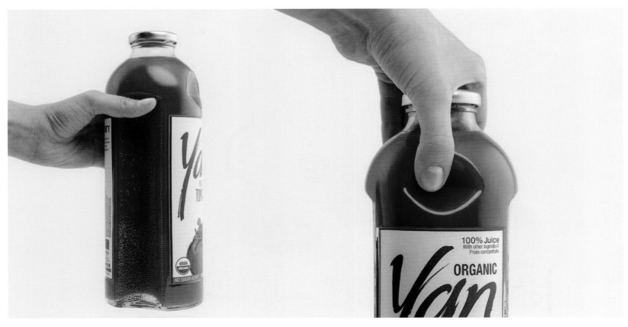

PURE
APPLE
Cold Pressed

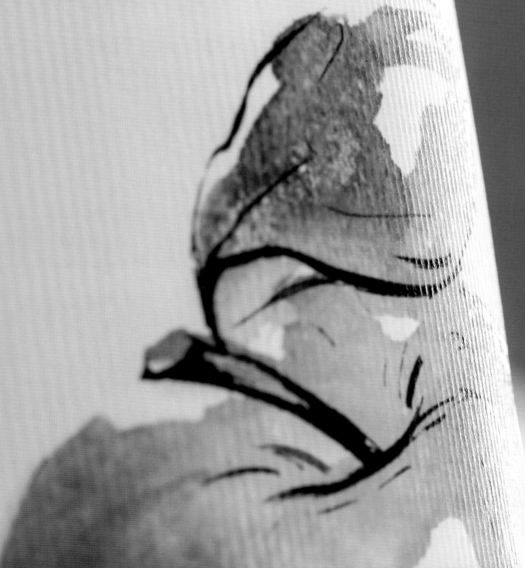

Save Paste 牙膏盒

设计：Sang Min Yu, Wong Sang Lee

　　相对于传统牙膏包装，此款设计当中蕴含了极具深意的环保概念：一方面，消除传统软管口牙膏难以挤压空间的弊病，减少容器内的牙膏残留；另一方面，纸盒式的材质能直接降低包装材料的浪费，从而降低成本，便于回收再利用。立体三角形的外形设计，使得 Save Paste 几乎可以无接缝地并排摆放和存储，大幅降低运输成本。除此之外，包装在绿色环保的基础上，同样也以用户至上为原则，Save Paste 的拉链式开口设计使用起来只会比传统的牙膏盒盖更简便。

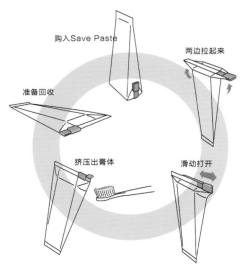

购入Save Paste

两边拉起来

准备回收

挤压出膏体

滑动打开

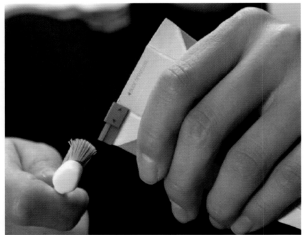

节约材料

之前

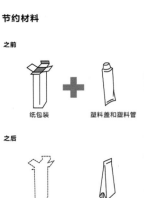

纸包装 ＋ 塑料盖和塑料管

之后

塑料盖和Totra纸

节约空间和运输成本

之前

通常的膏体包装体积
3.8cm×4.2cm×19cm
=303.24cm³

之后

Save Paste包装体积
（3.5cm×3.5cm×16.4cm）÷2
=100.45cm³

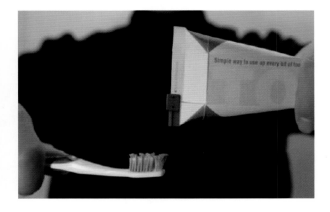

果木烤牛肉包装袋

设计：上海火太阳品牌设计有限公司

"一块有态度的牛肉"——品质、互动、审美的三维作用，命名给人独辟蹊径的感受，同时又极其精准、直观。干净又不失品质的画面，与造型别致、新颖的陈列袋完美地契合在一起，让人眼前一亮。

独特的包装材质，食用完之后包装还可用作生态花盆。按指示剪下包装，加入果木木屑和花草种子，植物能够在"花盆"中持续生长45天。这不仅实现了品牌的传播，更促成了环保理念的共识。包装的二次利用契合了消费者动手的兴趣，营造出精神层次上的愉悦感。文字、视觉、精神三维体系的打造，是对当下消费者审美心理的正确考量与把握。

功能延伸 //////////////////////////////////////

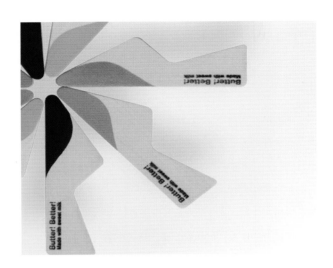

　　包装结构的多功能性即可通过创新设计增加其后期利用的能力，从而延长包装使用寿命，增加它的后期利用率。在多功能的结构设计中，可以将包装的运输、保存、展示等功能通过同一结构展示出来，这种一体化的包装形式也是绿色包装的重要形式之一。多功能的包装设计强调包装开启后延展出其他的功能，如变成日历、玩具、说明书等其他物品，做到"物尽其用"。结构多功能性设计，增加了包装的重复使用率，促进包装的良性发展，进一步减轻了包装带来的环境污染。

　　大多数产品的包装在与商品分离之后便失去了使用价值，通过包装结构的改良，可以使包装在与商品分离后展现出新的功能，延长包装的使用价值。"低碳生活"成为人们当下时尚生活的理念，消费者在产品的选择上更加热衷于选择"一物两用"的产品包装。多功能的包装往往具有合理巧妙的设计结构，具有独特性，在同类商品中具有较强的吸引力，从而进一步提高品牌的竞争力，同时也可满足消费者的个性需求。

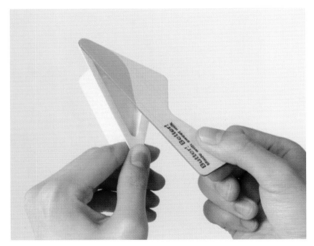

　　包装功能的延伸不仅能使包装更具有吸引力，而且更加贴近人们的使用习惯，以消费者的使用习惯为创意出发点，联想到在使用产品时产生的一系列动作行为，体现了包装设计的人性化。

　　例如黄油包装设计，这款黄油包装将塑料密封纸替换为微型餐刀，消费者拆开包装后，直接用餐刀挖出酱料。木质的餐刀环保且结实耐用。这个包装设计不仅环保、方便和快捷，在起到保护内容物作用的同时还发挥着另一作用，让使用的过程变得更有趣，延长了使用寿命，减轻了环境压力。

BUTTER! BETTER! 创意黄油包装盒

Matteo Correggia
Winery 酒标

设计：Reverse Innovation

　　修长的红酒瓶子，腰上系着薄薄的故事书，将红酒和故事这两种至美享受合二为一。消费者享用红酒的同时，又可品读美文，大大提高了消费者的生活品质。故事选用上也另有心意，三篇风格迥异的故事——《爱上你，忘记我》《谋杀》《青蛙在肚子里》，搭配的是三种不同口味的红酒，仅仅是看标题，就会让消费者产生阅读的欲望。

绿色包装的人文理念

以人为本

包装设计在建立绿色生态内涵的同时更要注重人文内涵的构建。设计师通过产品的包装与消费者进行对话，通过看得见的实物传达无形的理念，引导人们对绿色包装的内涵进行更深层次的思考。

绿色包装设计的人文生态内涵是指在包装设计的过程中对于"人性"的各个方面应该尽可能地予以考虑。尊重消费者文化，是包装设计的最终目的。人文生态内涵中不仅包含有对人性和文化的理解，同时还包括对不同的地域特征、不同习俗的理解，即"一方水土养育一方人"。因此，在包装设计中设计师应体现出当地的人文内涵。

绿色包装的设计范畴涵盖内容广且深，其中生态呵护、健康发展的环保理念是建立在以人为本的可持续发展观基础上的，这不仅仅是包装材料和技术的改良，更是观念上的觉醒与进步。

绿色包装应当遵循人与自然和谐相处的绿色发展观。随着经济的发展，更多的产品被研发创造，包装种类和形式变得越来越丰富。如今市面上商品的发展日新月异，人们的消费行为变得理智和挑剔，因此包装更应注重消费者心理和生理方面的人性化需求。比如，把代表地域特色的图形或文化元素加入包装设计中，不仅能让产品在商品选择中脱颖而出，而且还可以通过包装向消费者传达地域特色文化。

在包装中加入自然元素可以给产品带来有机、绿色和天然的感受，消费者会更倾向选择利于身体健康的产品。如获得 Pentawards 银奖的 Layer Hen 鸡蛋盒包装，将十二只鸡蛋用牛皮纸提手包裹起来，装饰图案是一只母鸡蹲在草窝上的插画，鸡头和草则进行黑白处理，突出了中间鸡身上的矢量图案，在极具有视觉冲击力的同时又给人带来亲切自然的感受，不失为一种有温度的设计。

Layer Hen 鸡蛋盒包装设计 "母鸡插画篇"

Meld 健康食品袋

设计：Jeannie Burnside

　　设计师希望设计一种新的平面语言，将老牌产品重新包装成环保产品，用以展现该品牌倡导绿色有机的品牌价值。通过透明的包装直接展示产品，引起消费者兴趣，产生互动。

　　设计师用品牌和包装设计展现全新的膳食体系——控制食物分量和食用有机食物，从而满足消费者的需求。该品牌力求通过减少食物消耗量和处理多余食物来改善消费者的健康状况，减少环境垃圾。这款塑料包装还可以回收利用。

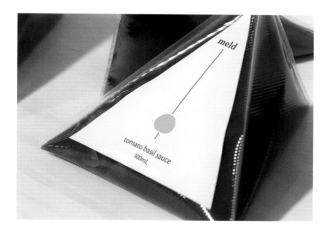

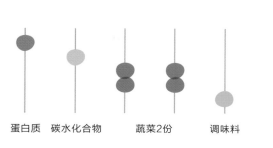

蛋白质　碳水化合物　　蔬菜2份　　调味料　　混合

游采茶手摘茶叶礼盒

设计：台湾渥得国际设计有限公司

游采茶品牌起源于一对热爱茶叶的夫妇，以尊重自然、顺应自然为原则，以自然农法耕作，在铜锣地区照护了两甲茶园，以不施肥、不用药的方式培育茶树，其出产的茶叶茶质淳厚甜美，更重要的是这种模式还兼顾恢复土地纯净原貌及饮茶人的健康。

游采茶品牌的理念来自茶园主人的一份坚持，以最自然、最原始的状态耕作来爱惜这片土地。相对应茶叶包所选用的包装原料是可再生的灰铜纸板，回收废纸循环再利用，不消耗木材，保护森林资源，减少纸业所造成的环境污染并实现废弃物减量。另外，包装一体成型，环保且无负担。除盒盖外，不使用任何黏胶，纯粹以卡榫方式成型，为此包装最大特色。包装外观以采茶的茶篓为原型，呈现摘茶过程的意象，使人在打开包装取出产品的同时产生亲手采茶之感。产品巧妙融入品牌所传达的环保精神，更贴近手摘这一自然原始的理念。

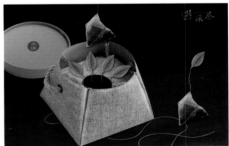

游采茶台湾老茶礼盒

设计：台湾渥得国际设计有限公司

台湾老茶以布花的质感为设计主调，传递出古时送礼用布料包装的礼节，既实用又环保。在设计此款包装时，选用最环保的材质及最少的用纸量，以手绘昙花传达茶的珍贵与美好，成功营造出品牌特有形象，质朴而又独特的设计风格也让包装荣获多个国际设计大奖。

为了使昙花呈现出质朴的古味，包装将品名标签以撕纸方式处理，增添手感和古韵。设计师扫描手稿至电脑绘制，再转到橡胶板上刻印，留下纹理后电脑上色，这样的绘制过程就如同茶叶为了呈现不同风味而经历的不同的制作过程。

此款包装设计材料采用环保的双色牛皮纸张为材料，正面为白色牛皮纸，上丝绒膜以增加手摘老茶的质感。

包装以特殊结构增添造型的独特性体现视觉上的高质感，采用以大豆油为材料所制成的环保印刷油墨。相较于传统以石油为材料的油墨，大豆油墨较为环保，有助于废纸回收的再生工程，契合了品牌本身注重环保的理念。

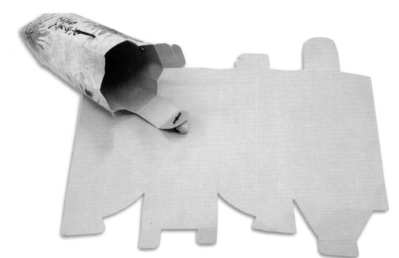

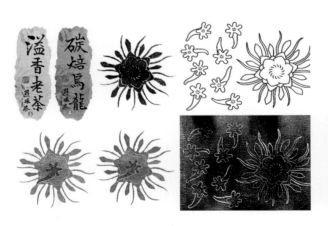

Earth Rated 环保粪便袋

设计：Studio Wülf

养狗的人都知道，遛狗并不总是愉快有趣、充满嬉戏的活动，一旦爱宠内急排出粪便，主人往往免不了要躬身清理。针对此类状况，狗狗服务品牌 Earth Rated 推出了粪便管理产品，其中最受欢迎的产品是方便且易于携带的粪便袋。设计公司针对 Earth Rated 重新设计的粪便袋，让遛狗时出现的排便画面看起来更有趣。

品牌面临的最大挑战是如何创建出一个完整的策略和视觉体系把整个产品系列包含进来。品牌产品的消费者遍布全球，这意味着品牌设计在考虑多种不同语言情境的同时还要

避免混乱。该品牌希望创造出与消费者产生共鸣的内容，进而促进品牌社交媒体的参与，扩大受众领域。

原设计的环保外观帮助品牌获得了成功，因此，设计师在保留了原有外观的基础上，设计出了一套视觉体系用在宣传材料、包装材料和营销材料上。新的包装设计统一了品牌的产品，同时使用三种语言以满足市场需求。此外还创建了响应式多语言网站，为品牌社交媒体创造内容以供传播。

Earth Rated 的环保粪便袋其中一类加入了 EPI 添加剂，比传统的塑料粪便袋更容易降解。

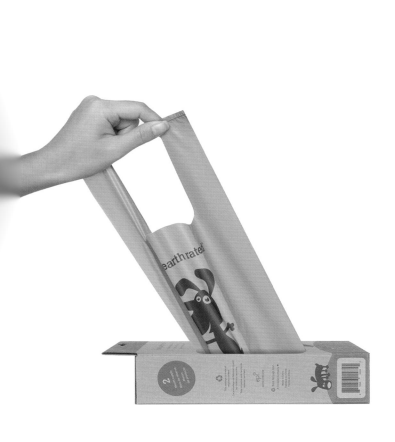
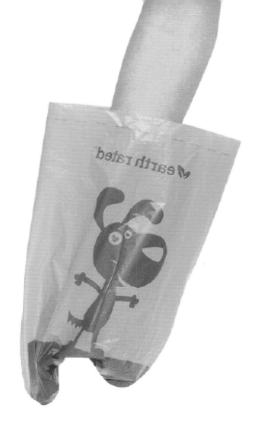

微元素白酒酒瓶

设计：深圳胡锦润设计顾问有限公司

产品以中国"四君子"之一的"竹"为创意诉求。竹是君子的化身，代表正直、奋进、虚怀、质朴、卓尔、善群和担当的崇高品德，与梅、兰、菊并称为"四君子"，与梅、松并称为"岁寒三友"，为古今文人墨客赞叹。

"竹子盒·竹笋瓶"两者巧妙结合，采用仿生的设计手法，彰显绿色生态清新自然的视觉之美。设计师将竹的营养价值与产品完美结合，传达"以竹为美、因竹而富"的价值内涵，同时又赋予品牌"竹报平安"的吉祥祝愿。产品采用Neoprene潜水衣材质制作，开启方便，自然环保，可循环利用更是创作者的最大诉求。

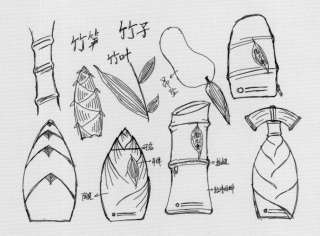

2016 WorldStar Award 世界之星包装设计奖作品

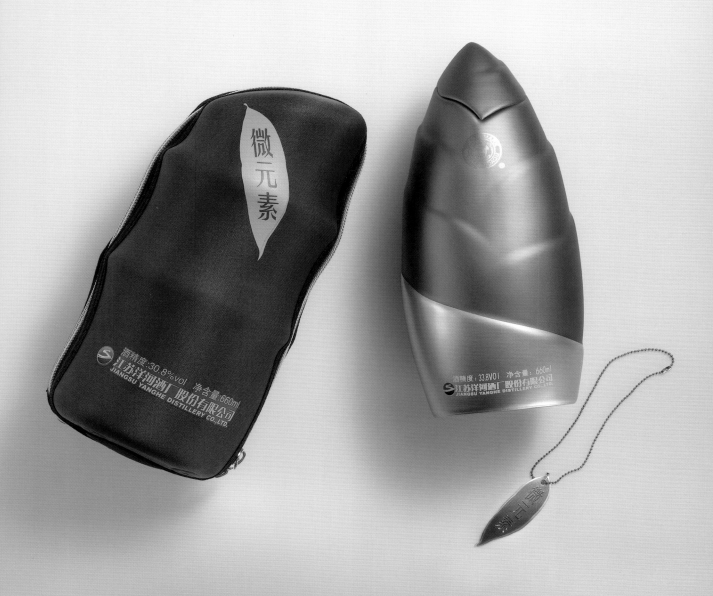

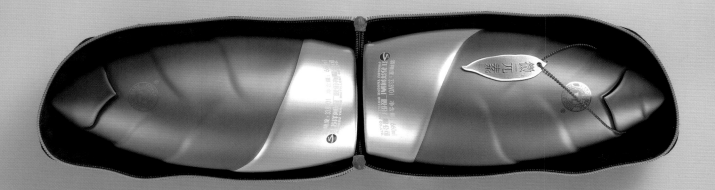

绿色环保

从包装入手，传达绿色环保理念，这是当前现代绿色包装设计所面临的问题之一。商品包装是传承和传播环保理念的实物载体，消费者在购买商品时最先注意的就是包装，因此带有设计师环保绿色理念的包装可以从点滴影响消费者的绿色环保意识。如最近市面上的互动式包装，以濒临灭绝的动物包装做包装挂件的设计、可口可乐瓶盖的设计等，这些都是比较典型的绿色设计的例子。

环保理念作为绿色包装设计思想理论的"头"，是规律性认识的凝练与升华。包装应从保护环境、节约能源的角度进行设计，在生产、运输、废弃包装的过程中减少碳排放，减少材料使用，避免过度包装。

以可持续发展理念为指导，在包装设计过程中考虑包装的整个生命周期，做到从摇篮到坟墓对环境的压力降到最小。遵循从无到有的包装顺序设计原则，水果蔬菜等不需要包装的产品应避免包装，对于饮料、糖果等必须通过包装才可以售卖的产品要做到适度包装。

可口可乐 T 恤瓶

设计：Flavia Raphaella Lemos

可口可乐公司要求设计师以"积极乐观"为主题巩固自己作为关注可持续性的品牌的公众形象。为了实现委托方的诉求，设计师为其设计了一个可持续项目。将 T 恤装在被从巴西低收入社区内搜集到的可乐瓶中，瓶签的材质为再生纸。公司将其作为礼物送给新闻界人士和那些参加可持续发展大会的颇具影响力的人士，借以向他们展示可口可乐公司如何应对可持续发展挑战，又是如何实现材料的循环利用的。

可口可乐 "快乐重生" 瓶盖

设计：越南奥美广告公司

除了资源回收以外，在越南，可口可乐的空瓶有了更不一样的用途。由越南的奥美广告公司操刀，设计一期以环保为主题的创意活动，用一系列工具套件把废弃的可乐瓶换上不同的瓶盖，变成各种日常生活道具，延长了可乐瓶的寿命。这些独特的瓶盖创意简单，也在日常生活中潜移默化地影响和改变着消费者的行为习惯和心态。其实，生活中只要有了创意，即使是一个被丢弃的塑料瓶子，也同样可以变废为宝，快乐重生。例如由可乐瓶 "变身" 而成的喷水瓶、沐浴乳瓶、肥皂泡泡瓶，甚至削铅笔机等创意挑战，都非常实用，很有手作 DIY 风格。这一创意包装不仅可以帮助引导教育人们提高环保意识，还鼓励人们生活中要拥有更多想象空间，创意无限。

Shiawase banana
幸福香蕉纸盒

设计：nendo 设计工作室

    这是一款高品质香蕉，奢华包装对于它的高品质而言显得画蛇添足，并会掩盖它的环保特质，因此，避开盒子和包装材料，转而采用仿真贴纸贴在香蕉皮的表面上。贴纸是双层的，最表面的一层逼真地表现出香蕉表皮的瘀伤和变色，而撕开一层贴纸后，展现的是香蕉果肉，以及关于香蕉的各种信息。此外还设计了一个纸质的手提袋，方便消费者携带。取下纸袋提绳后，可容易地展开及取出里面的香蕉。如果摊开纸袋，你会发现这是一个有趣的蕉叶形状，其反面还印有香蕉的详细说明和保质期等信息。整个包装传达出绿色环保理念。

上隐系列白酒

设计：贵州上行创意品牌设计有限公司

设计师从品牌内涵出发，通过瓶身传达出空灵、诗意的生活观，极简的瓶身体现出品牌深层的文化素养和精神内涵。上隐酒系列想表达中国"隐士"文化，一个主题是"博弈"，两个智者形象，心中胸有成竹，传达出超然的大智慧。另一个是"礼让"，讲的是一种谦和的态度，越是厉害的人越平易近人，把自己的光耀隐藏掉，能放下姿态向别人学习。

在瓶身设计上，设计师把酒瓶设计成古人的形态。这种包装在同类商品中会显得非常抢眼，除了包装应具有的功能之外，还可以作为装饰品重复使用，延长其寿命。

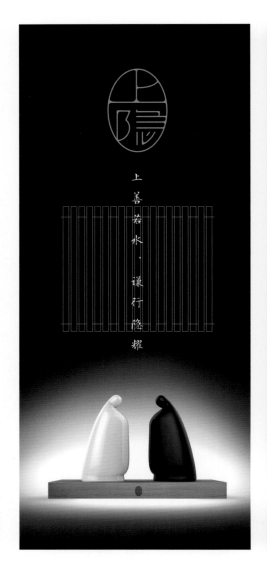
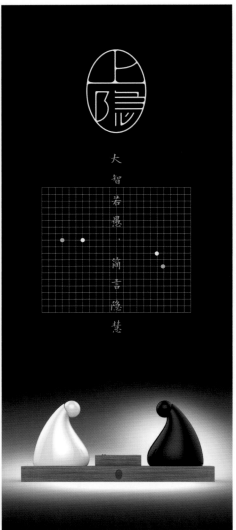

文化传承

　　文化传承性是指在包装设计的过程中，借鉴中国的传统文化，使包装的设计可以推陈出新，处处隐含着对于文化的一种尊重和传承，这是一种设计文化的"绿色"。如中国传统的书法、篆刻、剪纸、云锦等技艺均可以用于设计，为设计师提供新的设计思路，让设计焕发新的光彩。

　　从绿色设计的角度来看包装设计对文化的传承主要表现为包装中呈现的地域文化以及包装的时尚感。现代的包装设计不仅要具有便于消费者使用、保护商品、体现产品内容的功能，同时还突破原来单一的功能性开发模式，成为强劲而有力的销售工具，吸引消费者，激发消费者的好奇心，从而产生购买行为，促进产品的销售，

并提升其自身的附加价值。而地域文化式的包装设计，则是基于商标或者品牌设计、形状设计、视觉色彩、文字运用、图案创意、包装材质等要素之上和时代发展的一种包装设计。一方面，地域文化是包装设计和创作的源泉；另一方面，包装是传播地域文化的一个重要途径。包装的地域文化极大地提升了产品的趣味性，增强了产品的市场竞争力，越来越受到消费者的青睐。例如，红秧歌五常稻米使用竹篓做包装。设计师在设计包装时利用当地的民族文化、历史及环境等因素，结合当地自然及文化生态特色，利用本地材料和传统工艺，结合新技术与新材料进行创新，设计出符合当地及本民族文化特色的新商品包装，从而使本地品牌得到广泛传播。

红秧歌大米

设计：壹峰创新有限公司

人的性格即为品牌性格，所以设计师希望通过米农和创始人，为红秧歌打造更多人文情怀。一是米农，希望品牌建立生产者追溯系统。通过米农姓名、性格、联系电话和微信等，打造勤拙朴实的农人形象，传递"与产地相比，大米的味道更主要取决于生产者，也应该更注重生产者"的意愿，让品牌更亲民、更安心。二是创始人，设计师希望将创始人的初心、情怀嫁接给红秧歌品牌，让品牌具有故事张力。如同李敖所说，现在的人不但喜欢吃鸡蛋，还喜欢下鸡蛋的老母鸡。那些有温度、有初心和有情怀的创业者才会成为被人们津津乐道的口碑人物。

从材质和细节上看，设计师采用原生态的竹编作为包装材质，使礼盒带有竹子的清香且传统复古、天然环保。在每个礼盒的内部，还放有许多民俗的小礼物，如卷轴、木刻玩偶、鸡翅木的筷子及勺子。增添的小物件既与品牌名称"红秧歌"相呼应，同时也提升了消费者体验，增强了品牌的辨识度与专业形象。

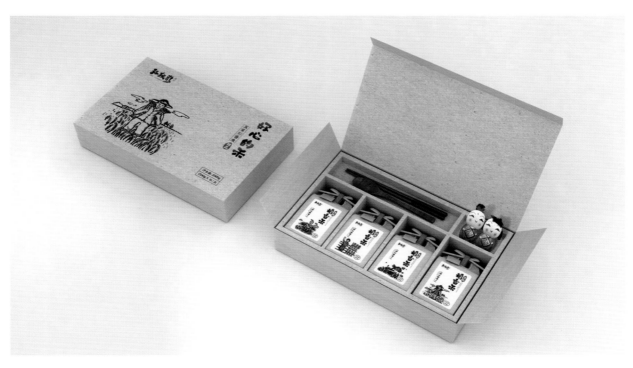

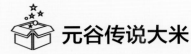

元谷传说大米

设计：潘与潘品牌设计事务所

2015年7月，元谷传说获包装设计类"金点设计奖"。该米产地处于23度北回归线，来自地球之脊，追溯日月交替轮回的轨迹。精心优选的良种米是同一纬度颗粒最大的湿地稻，顺水土之孕道法自然，以极简之法种自然之物。

唯一纯手工打造罐体，透气不透水，并且包装利用了新型的节能环保材料本色纸。本色纸秉承原浆绿色环保的造纸技术，选用的原材料都是小麦秸秆等天然原材料。选择用本色纸浆包装，引领了大米包装的环保时尚，也为粮品包装市场上的包装形式注入了一股清流。设计师追求的也正是这样与自然和谐共存的友好境界，一改传统大米包装形式，遵循道法自然、天生天养的产品定位，设计出这款造型简洁、设计感强烈的包装。

整体包装没有多余的图案和色彩，追求浑然天成的自然状态，印刷成本不高，却正符合产品的质朴特点。整个包装浑然天成，体现了产品绿色健康安全的品质。

包装结构采用了手制陶艺配合传统的麻绳捆绑，自然，天生，天养。"传统+现代"才是我国现代设计的发展趋势，也是设计传承的理念。古代传统设计受世人喜爱是因为它是当时先进文化的产物，有很强的民族特色。只有继承，才有创新，只有继承了本民族优秀艺术的精华，才能有自己的东方身份和艺术特点。

齋食，盛營甘美，厚供齋食。

齋米

陶

中國四大名陶，
建蓋不透水，齋要
以火中取寶，得之
備製，並嚴密精明，可
調火開十秒之所
合，純手工打造的
唯一罐体。

種植

數毫釐之不差他
法，讓谷厚以自然之
力，藏土而出，自然
生長。

孕

北回歸線相托太
陽直射次邊照的
熱量最多，與號稱
地球之腎，的
全球三大生態系
統齋地交融陽光
與水分充足孕育。

物

米為一地孕育
之養養，遵法追想
以種思之所
种日照之句。

侗粮原生有机大米

设计：张晗

在传统手工劳作日渐稀少的今天，侗粮依旧坚持侗族传统劳作方式，把引以为傲的侗寨原生大米带给更多人。为了表现侗粮原生有机大米这种原生文化属性，包装设计师张晗采用了手绘素描的手法，创作了一幅侗族山寨的风景人物画作为包装设计的核心元素，配合金色铁罐的设计，使包装非常具有东方特色。

赤子酿酒瓶及酒盒

设计公司：贵州步道设计有限公司

该作品突破传统酒文化，以生态环境为主题，以酱香独有的酿酒文化为理念，凸显酱香型白酒与世界任何酒种都有着截然不同的天时、地利、人和。毗邻赤水河畔，是酱香型白酒在酿制过程中所需的必备自然条件。包装设计体现生态环保，没有任何过多奢华修饰，仅以包装图案述说赤水河畔酱香酒酿制过程中的自然条件，简洁、大方。

禾唱团生态米

设计：贵州上行创意品牌设计有限公司

禾唱团包装的设计构思来源于自然生态农业景象和中国传统的乐器，将原生态的稻田景象与传统的创作方式结合在一起，似在演绎一幅禾苗歌唱的情景。插画以绿色为主，表现了稻米在阳光充足的稻田生长和产品的绿色观念。在包装上用不同的色块代表生态米的不同种类，方便消费者进行选择，既突出了禾唱团的品牌价值观，又突出了其作物的生态性。

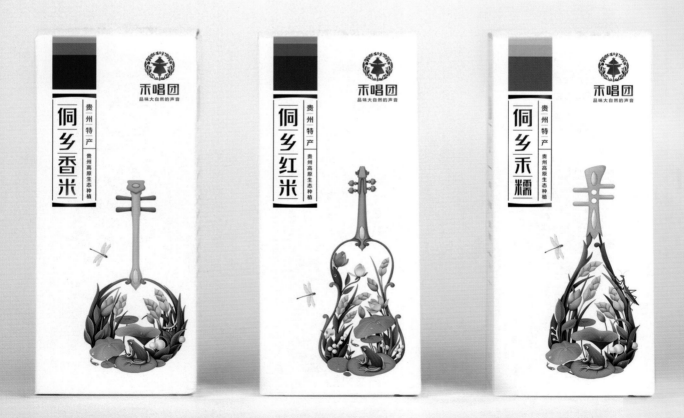

瀑布毛峰茶

设计：贵州上行创意品牌设计有限公司

此款包装的元素提炼了瀑布之乡、屯堡之城等贵州安顺当地独有的人文景观，结合茶元素，绘制成插画的形式，构成一个风格新颖、画面轻快的旅游文创产品，让游客更加直观地感受到当地的文化。产品外形美观，插画颜色鲜艳亮丽，为品牌形象增加生动的色彩，带给人以正面情绪，赋予好茶带给人好心情的品牌价值观。

绿色包装的创意呈现

生存环境与经济发展是当今国际社会普遍关注的重大问题，而绿色包装正是包装业适应环保大潮的必然发展趋势。绿色包装的出现，解决了一般包装废弃物对环境的破坏和危害人体等问题，同时也对人们的观念产生了冲击，使得人们开始探寻更有意义的生存环境。包装被准确而有创意地设计表现出来，就是销售产品的利器，它会吸引消费者的注意力，通过产品传达出信息，让消费者感知。好的包装不仅仅是图文并茂的形象，更是一个使消费者感知设计师传达理念的载体。通过这个载体，设计师可以对消费者进行观念方面的引导，同时也可以使品牌形象更加深入人心，从而提升企业和产品的知名度。

流行趋势不断变化，而绿色设计理念是我们要一直遵循的。设计师要正确地把握设计文化发展方向，创造出着眼于未来的设计。

创意产生

当前市场中的大部分蜂蜜包装没有设计感，无法形成品牌，容器容量较大，使用不方便，无法迎合现在年轻人的审美。有效的创意包装设计可以在激烈的商品竞争中占有独特的优势，给消费者深刻的印象，提升产品竞争力。

蜜嫂品牌原始的包装看上去与超市中的低端蜂蜜包装并无太大差别，但它的质量和价格却属高端蜂蜜产品。在这种情况下，蜜嫂急需一种新的包装设计给产品重新定位，于是委托蓝色盛火策略包装创研机构重新塑造这一品牌。设计师在调查蜂蜜市场的消费情况后，确定蜜嫂产品的主流消费人群为25岁至35岁的白领女性和重视生活质量的高收入人群。在瓶身设计上，为了能使消费者更加方便地使用产品，体现出消费者精致的生活品质而采用小瓶身设计；在包装设计上，以当下流行的插画形式作为包装的图案，以联想熊吃蜂蜜时发生的有趣

故事为插画的灵感来源，并以此传达蜜嫂产品的核心价值：原生态成熟蜜。

蜜嫂老包装

设计：蓝色盛火策略包装创研机构 ///////////////////////////////////

蓝色盛火，始创于 2006 年，历经 12 年行业打磨，沉淀出了一套独有的产品全案和策略包装理论体系。服务范围横跨二十多个行业的数百家企业和国内外知名品牌，斩获国内外近百项设计大奖，创造了诸多业内经典的产品全案和策略包装案例。

1. 第一印象

2015 年春节前夕，蓝色盛火接到一个品牌包装设计项目，客户对产品原有的包装设计不满意，想重新设计一下。设计师第一次接触蜜嫂蜂蜜品牌时，第一印象这是款低端产品，无论名称还是包装都丝毫不像高价值的产品，甚至可以说有点"土"，再加上是蜂蜜产品，所以当时对这个项目几乎没任何兴趣。

客户介绍说从 1961 年开始，家里三代人都养蜂，并在前些年成立西平正源养蜂专业合作社，把当地的养蜂户聚集到一块儿；2014 年成立乐儿商贸有限公司，专业销售蜂蜜，至 2015 年销售蜂蜜 6 吨；以往的销售主要走的是美容院、酒店、养生会所，还有网上销售，其中大部分是靠客户的个人社会关系实现销售；如今现实情况是没有品牌知名度，没有钱打广告，甚至没有钱铺货到商场超市和连锁店。

然而令人吃惊的是其产品的价格。据以往的了解，商场超市内的国产蜂蜜价格大都在五六十元一斤，进口蜂蜜才会更贵一些。从蜜嫂目前的包装上看，应该在 30 元到 40 元一斤，但该产品的价格其实是 168 元一斤，怎么会有这么大的价格差？在没有广告、没有品牌的条件下怎样卖出产品？

2. 蜂蜜业之殇

蜜蜂采 1 千克蜂蜜需要采集 200 万至 500 万朵花，飞行 18 万至 20 万公里的路程，而蜜蜂的生命极为短暂，仅 50 天左右。

目前，我们国家的蜜蜂种类养殖最多的，是意蜂和中蜂两种，其中以意蜂养殖最多。真正的养蜂人，不说养 100 来箱蜜蜂，最少要养五六十箱蜜蜂才能够生活。这样的蜂农分为两种：一种是不带蜜蜂出远门，以取蜂王浆为主，采蜜少，一季油菜花蜜，一季山上的百花蜜，年产蜜量少的时候一两吨，多的时候五六吨；还有一种，就是像《舌尖上的中国 2》里面的老谭夫妇，到处赶花采蜜，哪里花开了就往哪里去，他们是以采蜜为主。像老谭夫妻这样的养 150 箱蜜蜂，最少年产蜜量也要有六七吨，一般 10 吨左右，养蜂技术好，运气也好，每到一个地方都能丰收，那产蜜量更不用多说了。

春季开始，3 月是湖北人民采油菜花蜜的时节，4 月底是采湖北宜昌的柑橘蜜和河南、山西的泡桐蜜的时节，5 月是采山西、陕西、辽宁的洋槐蜜的时节，6、7 月山西、陕西、湖南和湖北的荆条蜜、百花蜜可以采集，7、8 月内蒙古和青海的油菜花蜜和向日葵蜜是采集的好时节，9、10 月湖北、湖南的五倍子蜜，10 月份后开始休养生息，培育新蜂王，

大规模检查整理蜂群。

有一些人往南方走，在南方过冬，等春天采荔枝、龙眼和枇杷蜜。他们有的只有 4 月油菜花开的时候才回老家，有的甚至不回老家，一年四季都在外地风餐露宿。

一些朋友总认为蜂蜜的产量很低，这想法其实完全错了，真实的年产蜜量按吨计算，可以说蜂农多的就是蜜！

估计有人会说，那折算成钱岂不是一年几十上百万？这就涉及蜂蜜的收购价格和蜂蜜的浓度了。

首先，绝大部分蜂农的蜂蜜都是卖给收购商的，少部分留着零售。卖给收购商的基本都是低浓度不合格的蜂蜜，留着零售的浓度也有高有低。因为收购商给不起价，蜂农很少会生产高浓度的成熟蜜。

在天气比较好且外界花开得也不错的情况下，一箱蜜蜂一天能采 5 斤蜂蜜，装满蜂巢。蜂农一天取一次蜜，7 天能得 35 斤蜜，这蜜的浓度可能都在 37 度左右，稀得跟水一样。这样的蜜容易发酵变质。收购商每斤的价格大概只有几块钱，极为低廉。

要想蜂蜜的浓度高、浓稠，一般需要在蜂巢中酿造一周至 20 天左右的时间，赶上天气不好的时候时间更长，蜜蜂用翅膀扇风，蒸发掉蜜里面的水分，各种营养物质都达到饱

和状态，最后蜜蜂用蜂蜡封上蜂巢。经过长时间酿造的蜜，才是最好的成熟蜜，只要密封好，保存得当，放多少年都没问题。蜜质量的确好，但是这么长时间，蜂农也就得了5斤蜜，而收购商还是只给几块钱一斤的价格，有良心点的收购商价格会稍稍再给加一点。

对收购商来说，浓度高低并不是那么重要，因为最后收购的蜂蜜都是进厂浓缩再加工。这就是蜂农的现状，多数厂家收购时不太注重蜂蜜浓度，导致大多蜂农放弃质量，追求产量。更有不少无良厂家直接用化工手段勾兑出蜂蜜，以至于消费者对蜂蜜甚至蜂农有很大的误解。

"我们不愿意这么做，我们一直做成熟蜜，浓度都在41.5度以上。这样虽然成本比别人高很多倍，但我有我自己的底线，想做个良心产品。"客户的这句话说明了为什么自己的蜂蜜价格高。

有句古话："人间正道是沧桑。"这句话用到中国的商业上最好不过了，越是真品质的好产品，在没有品牌知名度及广宣投入的情况下，市场上的竞争越是难。在这样一个功利的社会里，能守住自己的底线，用心做良心品质的人，本身就值得人敬佩。

正是客户秉承这样的态度，使得产品更加有魅力和价值，设计师也备受感染，决定重新打造这一品牌。

3. 蜂场见闻

为了更深入地了解蜜源的管控及蜂农的真实情况，蓝色盛火品牌项目小组来到深山里的蜂场进行实地考察。

这里专业的养蜂人老陈是合作社的成员，从1978年就开始养蜂了，整整干了38年。在这些年中，他带着蜜蜂辗转于各个采花区，步履遍布中国，从南到北，从东到西，可谓是养蜂行业的老行家。

因受气候、花期以及其他外界因素影响，有200箱蜜蜂的蜂农，几年下来平均收入也就7至8万元。如今，养蜂的年轻人越来越少，没人愿意干这项工作，他们急需传承人。

客户解释说："我知道你们觉得'蜜嫂'这个名字土，

但是我偏要用，因为没人知道当蜂农的女人有多不容易。丈夫不在，女人家既赡养老小，又要操持农活儿，还要处理各种邻里亲戚事务，不把心操碎，日子是过不下去的。"

在这之前，设计师对成熟蜜的概念很模糊。老陈取出一片蜂巢，上面密密麻麻都是蜜蜂，这是第六七天的蜂蜜，还未完全封盖。封盖是蜜自然成熟最重要的标志，对蜜蜂来说，就是这蜜已经达到了做越冬食物的标准了，所以得用蜂蜡给封上。但市场上一般的蜜是不可能封盖的，因为时间成本太高。巢蜜最为鲜美，刀割之下，马上有淡淡的花香味儿弥散开来。

4. 创作阶段

实地考察结束后，项目组又对医药连锁及超市、美容院和养生会所等地方的蜂蜜终端销售渠道进行了实地调研工作。调研中了解到国产蜂蜜的价格一般都是在几十到一百多不等，进口蜂蜜一般三百到一千以上不等，购买者女性居多。产品包装设计在使用便捷度、视觉表现和包装造型等方面同质化严重。

在对消费者购买习惯进行调研的时候发现，经常食用蜂蜜的 86.5% 为女性，其中 20 岁至 35 岁的女性消费占 45.1%，30 岁至 65 岁的女性占 54.9%，8.1% 的为男性，从来没有食用过蜂蜜的占 5.4%。另外，消费者认为市场国产假蜂蜜多，存在无法辨别真假、食用不方便等问题。年龄越大的消费者越是重视价格。

蜜嫂蜂蜜的实际情况：一是没有品牌；二是品质好但价格高；三是没有钱投入市场推广宣传；四是现有产品定位不够清晰；五是企业没有实力进入连锁或者商超。蓝色盛火通过对市场及蜜嫂的实际情况考察，根据企业现实情况，提出对蜜嫂的品牌进行再定位，使消费群及渠道清晰化，并根据品牌定位重新设计品牌形象。

品牌定位：年轻化、高品质、高端。

品牌核心价值：原生态成熟蜜。

品牌调性：原生态、简约时尚！

品牌广告语：蜜本天成，是花朵对蜜蜂的纯情！

品牌销售渠道：网店及自媒体为主，美容院、酒店及养生馆等特殊渠道为辅。

主流的消费群体：25 至 35 岁的女性职业白领及重视生活品质的高素质高收入的年轻群体。

通过项目组多次的思想碰撞，创意思路逐渐出来

设计呈现

　　设计呈现是一个由构想到具体形象化的过程。首先把之前的创作来源、创作灵感通过草图的方式尽可能多地表现出来，从草图中选取可实施的创意草案，用彩铅或其他材料尽可能地表现出细节，使图案具体化。设计表现元素包括产品的标识、包装图形图案、产品容器的设计和颜色搭配等。在蜜嫂包装图形上从起初的铅笔草稿，到选用两种方案进行优化，通过优化后两种方案的对比确定最终使用的方案图形，确定好可实施的方案后进行图形电子稿的绘制，这个过程便是创意设计呈现的过程，通过反复的修改最终得到大家认可的包装。

C:0 M: Y:100 K:0
R:255 G:241 B:0

C:0 M: Y:100 K:0
R:255 G:241 B:0

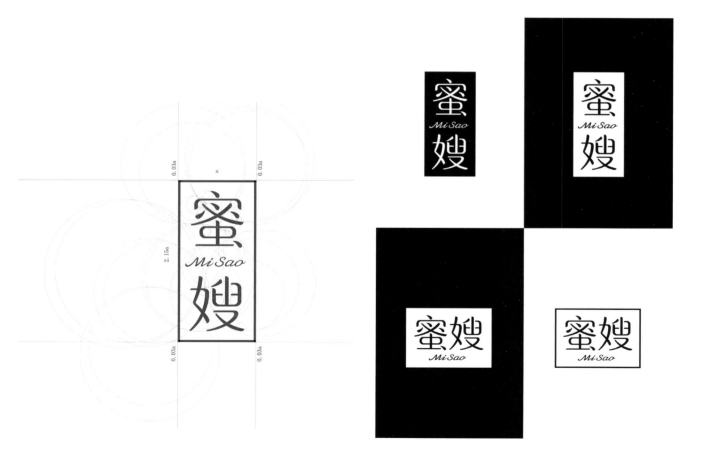

核心图形创作 ////////////////////////

熊比较爱吃蜂蜜，森林中的野蜂蜜经常被熊偷吃，而且熊在偷吃蜂蜜时也许会发生一系列有趣的事情。于是图形的创作用幽默的自然物语来传递主题，用自然界熊爱吃蜜的习惯联想出自然界熊为了吃上蜂蜜跟蜜蜂发生的战争，通过艺术的再创作形成风趣幽默的故事。

图形设计采用了四组不同的场景，绘制了两套方案。

创作草稿

图形方案一

图形方案二

初稿图形方案

↓

优化后图形方案

瓶型设计方案 //////////////////////////////

外观设计

目前市场的蜂蜜瓶子多为圆形、方形和椭圆形，造型不够时尚美观，蜜嫂老包装也是如此，比较大众，缺乏特点。此次我们把瓶子的造型设计为圆锥形，是由森林里的树桩演变而来的，使瓶型能够融入自然的创意，以体现产品原生态的概念，解决了与市场上的蜂蜜瓶型大同小异的问题，而且外形也更为时尚精致，符合年轻消费群体的喜好。

瓶盖设计

目前人们取用蜂蜜多用勺子或直接用瓶子往下倒，极为不便，而且瓶口易脏。我们这次的瓶盖采用硅胶阀盖，开瓶盖后，挤压出蜂蜜，方便快捷。

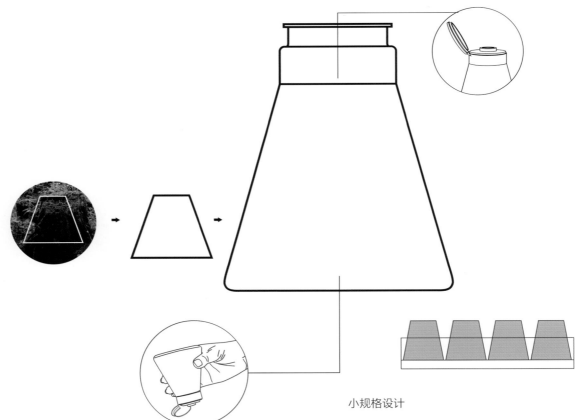

倒梯形使用更方便

使用时，瓶口向下，瓶身呈倒梯形，蜂蜜可更快速地流向瓶口，使消费者更方便快捷地取出蜂蜜。

小规格设计

规格设计成 4 小瓶装，更适合外出携带，旅行或出差的几天，不用再烦恼带一大瓶蜂蜜出去。同时也避免了大规格包装因食用时间过长而导致外界细菌灰尘进入瓶内的问题，包装更加卫生。

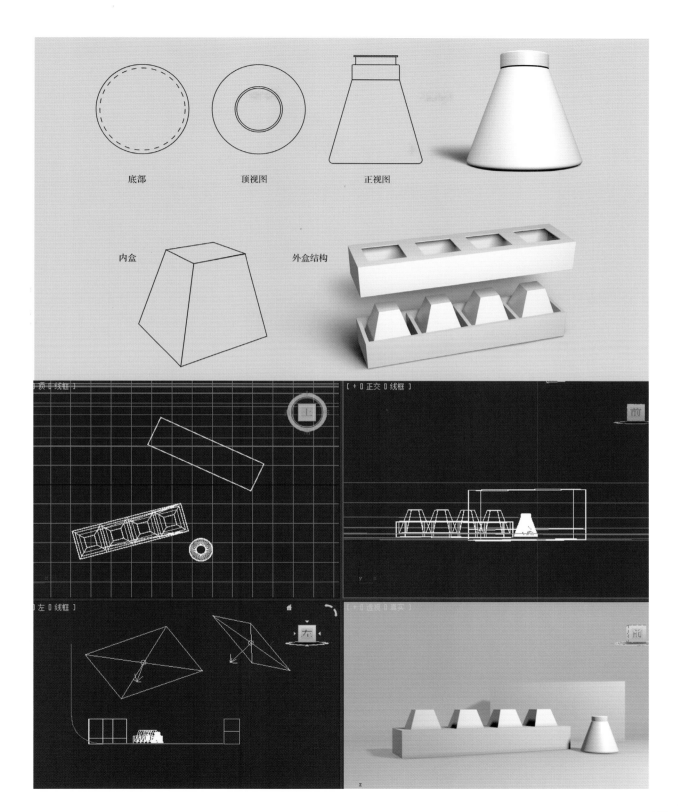

底部　　　　　　　　顶视图　　　　　　　　正视图

内盒　　　　　　　外盒结构

匠者——对话本土包装设计

绿尚设计顾问

潘虎包装设计实验室

古格王朝品牌设计

品赞设计

卓上品牌设计顾问

沐野品牌设计

林韶斌品牌设计

绿尚设计顾问

初入绿尚，工作室空间不是很庞大，但却有满满一墙设计大奖的证书和奖杯带来视觉震撼。

公司创始人及总监于光先生本科专业是广告艺术设计，后获得武汉大学印刷与包装系工程硕士学位。广告、设计、印刷全面的知识体系，为他之后的包装设计工作打下扎实的基础。毕业后他先是在印刷厂工作了很多年，设计工作也是基于生产制造的实践为主，其间辗转广州、惠州、深圳、上海、中山等城市工作。这些一线的工作经历，使他具备了丰富的包装设计实战经验。最后他选择在深圳落脚，成立了绿尚设计顾问公司。他也是看中这座设计之都完善的包装印刷产业链，能让他更好地致力于专业的创意设计。之前从事工程制造的工作经历，让他特别关注环保、功能、生产工艺流程对包装设计的重要性。之后借助这些理念，他做了一些专注于绿色设计的作品，获得了很多设计大奖。

公司为何起名叫"绿尚"，在工作内容上有何导向？

绿，指绿色设计；尚，指生活时尚。在这个世界上，很多人在做环保的设计，而我们绿尚从事的是绿色环保又贴近生活时尚的设计，这是我们的初心，也是我们的宗旨，所以公司取名为绿尚。绿尚的设计业务主要是面对市场的产品包装解决方案，同时致力于绿色环保的自由创意设计。

之前在印刷厂工作多年，辗转多个城市，其间对设计与包装的关系有何理解和转变？

最早大学刚毕业时在广告设计公司做了四年，体会到一个好的平面设计师必须要懂印刷，不是天马行空地搞创意，如何落地尤为重要，所以对印刷工艺制造流程比较感兴趣。为此我后来又在印刷制造工厂工作多年，学习生产工艺，了解生产制作的流程，对胶印、丝印、凹印等工艺结合纸张材料的特点越来越熟练，结合工艺流程来创作设计作品也越来越得心应手。但技术终归是要服务于设计产品的，有了这些积累，到了一定的阶段，还是回归到设计本身，也回归到人本身，就是做一些有意义的作品。这个时候就不仅仅是技术了，就需要从人文角度去寻求设计的意义。

在这种思考下，我们不仅要密切关注新技术的发展、产品的市场动向，把新技术、新材料、新工艺运用到产品包装的更新升级中，还要充分考虑产品的属性、形状、体积、容量、重量等因素，再结合市场与消费者需求进行研发，进行针对性、多样化设计。

你怎么获得那么多包装设计的世界大奖？有意而为还是水到渠成？

十年前第一次获世界级奖，当时送往国际竞赛的平台很少，也没有可以借鉴的模式，能够获奖纯属运气。现在看来，那个作品是在包装设计结构上有创新，细节呈现比较完善。通过那次获奖，有了自信，之后陆续获得各种包装设计奖项。尤其成立了绿尚设计顾问公司后，自己更能主动掌控设计业务和研究方向，创意性的作品越来越多。我更关注当下手中的设计，做好手上的工作。获奖对我的设计生活并没有多大改变，依然踏实地做设计，但肯定会鼓舞我更加严格要求自己的设计作品，竭尽全力地做好，我想这也是对设计的热爱所自发产生的责任心所在。

于光

深圳市绿尚设计顾问有限公司创始人、创作总监。

荣誉：

iF Design Award 德国 iF 设计奖 6 项（含一项金奖）、Reddot Award 德国红点设计奖 6 项、WorldStar Award 世界之星包装设计奖 8 项（含奢侈品类全场大奖）、Good Design Award 日本优良设计奖、A' Design Award 意大利 A' 设计大奖赛，以及 Golden Pin Design Award 中国台湾金点设计奖等众多奖项。

创新设计执行更难，遇到设计与厂商执行矛盾时，如何解决？

在做产品开发中，设计和生产经常会有矛盾，常常因为有工艺或成本的关系造成设计到生产环节出问题。面对这个情况，我们就需要加强设计和生产的沟通。在沟通过程中，我们要看我们能干什么，应该干什么。厂家不能看见我们提出问题就觉得设计是在找麻烦，我们设计也不能仅仅根据已定的指标去核对生产情况，最重要的是在设计过程中要有预见性避免异常，但是一旦发生异常也不要逃避，而是找出原因，及时纠正和预防，共同合作完善生产体系。

哪款设计有效地助推了客户的产品销售？

嘉尚轩毛笔包装的包装材料为仿麻料特种纸结合瓦楞纸包装封套，以椴木为毛笔盒，几种材质相结合，风格现代简约朴质。图案以中国传统云纹元素为主，寓意中国书法的行云流水，体现中国书法的博大精深。此款包装可拆卸和重新DIY组装，即当你拆开包装之后，你可以把其中的木盒拆卸并重新DIY组装成一个毛笔架，这就体现了环保与二次使用的原理，避免了包装浪费。此款包装内运用瓦楞纸制作内卡，牢牢分隔固定每支毛笔，以免撞击损伤毛笔。当消费者买到笔的时候就等于多买了一套笔架。

致力于绿色设计，是兴趣使然还是设计师使命，或者自我设计生存定位的现实问题？

设计的最大作用并不仅是创造商业价值，也不是包装和风格方面的竞争，而是一种适当的社会变革过程中的元素。作为一名设计师，我觉得致力于绿色设计不仅仅是使命，更是一种义务。

你关注包装设计中的绿色信息引导吗？虽然很多消费者并不注意这些。

当然会关注，我觉得现在是个多元化的社会，我们不仅仅是做设计，还要尽可能与其他领域的工作者合作，耐心倾听他们的意见和建议，从而创造出更加完美、更加绿色的包装。

社会发展和人们消费意识中关于绿色设计的趋势，你能敏感地捕捉到什么？

所谓的绿色包装设计，其实就是减少能源的消耗，包括减少生产周期，减少对环境的污染。

第一就是安全性，材料的整个使用过程都必须安全。

第二就是节能性，尽量使用环保的材质，无毒、无污染，可以重复利用。

第三就是生态性，包装的设计需要选择可降解、易于回收的材料。

我觉得随着社会的发展和人们消费意识的提升，更多的人更加愿意选择环保产品，这也是社会的进步。

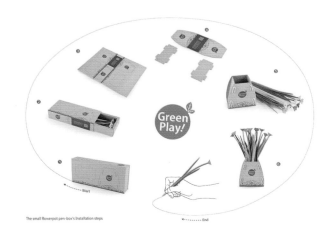

The small flowerpot pen-box's installation steps

💎 2017 WorldStar Award 世界之星包装设计奖作品

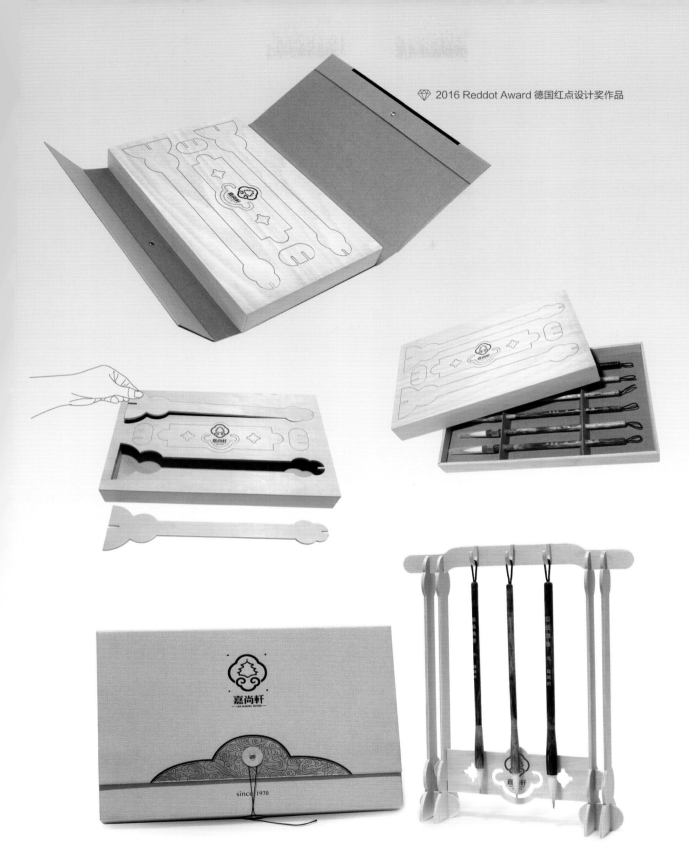

荗贵茗茶叶

　　该设计给予包装二次生命，在茶的陪伴下走过清新悠然的白天，夜晚化成一盏亮灯，这便是茶与灯的差异，心与境的契合。纸与布的相遇、灯与茶的融合塑造出有生命的包装，有温度的品牌。此款包装的原料由纯净的抹布纸制成，以及节能 LED 灯和移动电源组成，不仅是一款优雅大方的绿色包装，而且底座可简单组装，变成一盏小灯，在制作工艺上灯罩镂雕茶叶形底纹，外蒙麻布。当灯亮时，镂空的茶叶底纹显现，禅意悠然，一茶一灯，折射出东方茶文化的闲适和静默。此款设计将茶文化很好地体现在了包装上，并且巧妙解决包装丢弃造成的浪费，提高了资源的使用率，起到了积极的环保作用。

　　设计的巧思不但体现在功能创新上，也体现在材质细节上。质朴的素布在灯光下半透，与饮茶者的心境不谋而合，颇有禅意，点亮心灵。

2015 Reddot Award 德国红点设计奖作品
2016 iF Design Award 德国 iF 设计奖作品
2016 WorldStar Award 世界之星包装设计奖作品

DUCUMU

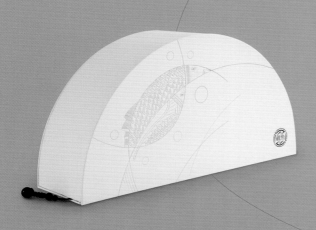

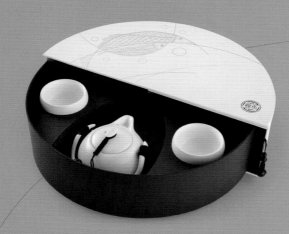

观鱼茶具

　　该茶具包装整体形态为半圆柱的匣子，横置如雕弓，烫银浮雕，水动鱼跃，立放如海月，皎白光洁。圆珠吊饰，打开屉盒，白中生墨。观摩形体，缺中有圆，非道家莫属也。阴阳，动静，圆缺，道也。清浊，俯仰，鱼水，茶也。

　　艺术的特殊本质，决定了艺术是最富于情感、幻想和独创性的，它是排斥理念化、公式化和概念化的。图形语言中的"鱼"与"水"、色彩中的"黑"与"白"、在形态中打开方式的趣味互动、精心的设计使包装产生"惊喜"感，有很强的感染效应。审美性、艺术性、民族文化传承性在"观鱼"中得到充分体现。

　　该包装集保护、展示、收纳功能于一体，增加了其使用生命周期，也体现了绿色环保的一面。

◇ 2016 Reddot Award 德国红点设计奖作品

健滋乐酵素

　　该包装轻巧环保，采用牛皮纸蜂窝纸芯旋转自粘一体成型，保留了产品容器的曲线，加上本身独特的纸风琴造型，极具气质。包装吊牌的设计是采用牛皮瓦楞纸镂空工艺，瓦楞纸的美感与包装相呼应。单纯质朴的色调营造出产品传统制造的方法与特色。包装使用前是可压缩状态，节省运输空间，巧妙的结构设计使得包装产品在受重、抗压能力方面占据了优势。包装天然质朴，其风格与产品风格相符，呈现出共享环保的概念和精致时尚的氛围。

◇ 2016 iF Design Award 德国 iF 设计奖作品
　 2016 WorldStar Award 世界之星包装设计奖作品

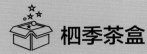

栖季茶盒

　　该包装材料为牛皮纸，使用印刷油墨极少，表面运用了凹凸工艺，表达天然质朴的原生态理念，让人感受到包装与产品相符的品位、共享环保的概念和精致时尚的氛围。包装盒型由三个部件构成，结构新颖。包装使用前是可压缩状态，可以折叠，节省运输空间。巧妙的结构设计使得包装产品在受重和抗压方面占据优势。

　　设计师摒弃了传统的茶叶包装设计，采用极简风格的纯牛皮纸包装，外形朴素简单，纸质加木质纹理在视觉上给人温和、自然的印象。另外，包装顶部的把手方便携带，免去了外加手提袋的麻烦。牛皮纸质感的包装提升了整个外观的品质感，消费者在拿到产品时能够感觉到生活品质的提升。在包装废弃处理上，牛皮纸可以回收利用，体现出设计师保护环境的责任感。

◇ 2017 iF Design Award 德国 iF 设计奖作品
　2017 WorldStar Award 世界之星包装设计奖作品

潘虎包装设计实验室

　　潘虎（Tiger Pan），产品包装设计师。他特立独行并吝啬出品量，每年设计约 10 件作品，却斩获众多国际国内奖项。

　　他一直坚信产品是设计价值最好的体现。他以颠覆式设计创新，推动产品的审美进化和价值升级。他从不需要让设计与商业冲突或博弈，而是用设计来创造意想不到的商业价值。他是罕见的不熬夜的设计师，凌晨 5 点到上午 10 点是他的工作时间，其他时间都用在极限越野、房车露营、旧货收藏等爱好上。

　　设计是表达的艺术，不是艺术的表达。潘虎和他的设计团队努力在商业价值和艺术之间实现平衡，并鼓励试错和颠覆。消费升级的核心其实就是审美升级，所以他们认为在日用品和快消品行业，企业主们有义务在"全民艺术欣赏教育"上承担责任，改变周遭的世界。希望通过设计实践，未来的超市里不再堆满审美低劣的商品，而是充满让人赏心悦目的产品形象。所以潘虎也被业界称为兼具美学精神和商业价值的"手艺人"，从洞察消费者开始设计的商业化进程，通过观念革新与原创设计，协助客户在商业零售市场创造利润，从而印证实验室的专业能力。

2018 iF Design Award 德国 iF 设计奖（三项）

2018 A'Design Award 意大利设计奖（八项，其中铂金奖一项、金奖两项、银奖四项、铜奖一项）

2017 IDEA Award 美国工业设计优秀奖（一项）

2017 iF Design Award 德国 iF 设计奖（三项）

2016 Reddot Award 德国红点设计奖（四项，其中最佳设计奖一项）

2016 Pentawards 全球包装设计奖（金奖一项、铜奖一项）

2015 Pentawards 全球包装设计奖（银奖两项、铜奖一项）

2014 Pentawards 全球包装设计奖（银奖两项、铜奖一项）

2013 Pentawards 全球包装设计奖（铜奖一项）

2012 Pentawards 全球包装设计奖（银奖两项）

潘虎 Tiger Pan
潘虎包装设计实验室首席设计师

公司名称为"潘虎包装设计实验室"，是专注包装设计能够被大众理解，而定位"实验室"是怎样一种考虑，在实际工作中又怎么体现？

我的公司为什么叫实验室呢？因为我们倡导的是"世界观"和"眼界"，我们鼓励试错，鼓励直觉的力量，鼓励国际交流，鼓励颠覆——这才是设计的终究奥义。不断创新才是设计之于实践最严谨、最积极的态度。艺术是我们心灵的安慰药、精神的奢侈品，它解决我们生存中的许多问题，比如爱、孤独和死亡。这些问题并非网络、高科技、全球化经济带来的，它们从未消失过，也许永远无法治愈。设计是表达的艺术，不是艺术的表达，其实是我们努力在商业价值和艺术实现之间创出一种业态，走出一条路来。我认为日用品、快消品的企业主们更有义务在"全民艺术欣赏教育"上承担责任，改变周遭才能改变世界，到那时，我们的超市里不再堆满审美低劣的产品，而是充满让人赏心悦目的产品，和国外的超市各有千秋、各有所长。这是我们要去实践的地方，因此这条路也许是最快、最有效的。

被称为兼具美学精神和商业价值的"手艺人"，想必对美的苛责肯定会体现在一些设计过程中，具体谈谈这方面的体现，或有没有哪个包装让你在这方面"纠结"过？

我们一年只能完成十件左右的作品，能够合作，必然是除了金钱关系之外还有点惺惺相惜。包装是点睛，也是"赋魂"的过程，产品也因此有了价值，为企业增值，是共同的目标，好的产品一定是合作出来的。企业希望通过产品包装增值，我也坚持认为具有可增值价值的包装设计才能历久弥坚，并赋予产品在精神上的增值，这样才称为"准备好了"的商品。

设计师不仅仅要解决美的问题，还要解决自身的宇宙观问题，因为所有的设计到最后都是一场各执己见的较量和过程，具体表现在设计师如何和这个世界和解。在美学世界里，我们要做一个执灯人，而在现实世界里，早起是我和世界和解的形式之一。我不熬夜，不跟太阳拗着来，日出而作，日落而息。白天和黑夜的交替是宇宙的力量形成的，是阴阳的规律，是自然的规律，是与人类栖息之地最大的和解。

在公司一些包装设计作品中，会和不同国家不同风格的插画师合作，喜欢这种方式吗？怎样寻找到他们的？又是怎样合作的？比如极燕包装的合作插画师 Gain Rutherford 和易萍，合作中有什么有趣的故事吗？

实验室一直非常注重同海外同行业、高校以及艺术机构的交流，并致力于塑造更为开阔的思维通路，将中国人的设计观与普世价值相连接。设计师必须要不断地了解最前沿的设计资讯，开阔视野和思路，使自己的思想始终保持在最活跃的状态。我们通过各种渠道找到自己感兴趣的插画师，有推荐的，也有通过网络上赏析到好的作品再写邮件联络的。来自苏格兰爱丁堡的 Gavin Rutherford 便是这样一位由陌生邮件到实验室合作的插画师，他的工作专注于创作的定制模式和复杂的一次性打印，以抽象的造型、精致的细节和精美的书法创造自己独特的插图。我们清晰地描述了关于产品、关于品牌故事和文化背景等细节的呈现，或许他在思考了燕窝在东方文化里母性的极致体现和雏燕至死方休的爱之后，绘制了那只唯美的燕子在展翅时候的形态，栩栩如生，充满了母性的美、张力和内涵。

易萍，是我们实验室的小伙伴之一，是一个很年轻的女孩，个性充满了童真和美好。她特别擅长绘制表现大自然、动物主题的插画，细腻写实中充满灵性和个人的真情实感。渐渐地，她成为动物拟人化设定的高手，我们认为她也非常适合极燕项目的创作，果然她也有上佳的表现。

过去人们对高档产品的理解，总是希望包装烦琐华丽，而像"极燕孕盏"这款包装，设计中虽然融入了十二生肖图案，但做了图案扁平化设计呈现，这种纯净极致的视觉，是不是符合当下人们对高档产品包装的认可趋势？你怎么看这个问题？

"极燕孕盏"的包装用施压纸模替代常规的塑料制品，纸膜采用植物纤维浆做基料压塑成型，给燕窝孕盏一个自然、舒服、安全、透气的家。十二生肖的题材是贴合目标消费者的心理，对未来的美好期盼和暗示。

虽然在传统意义上，奢侈的感官体验几乎与环保意志相抵，但观念会随时代的潮汐而改变。奢侈的意义不会一直停留在昂贵材质和过度消耗的狭隘概念上，它会随着文明的进化，逐步剥离杀气腾腾，变得纯净和平，最终达到高等文明的友善与共生。

在产品包装设计到制作实现的过程中，好的设计愿景和甲方厂商的具体实施有没有遇到矛盾，怎么解决的？

我们在设计上海某款化妆品的时候遇到了这样的问题，企业喜欢你的作品，但是在落地过程中遇阻后，出于对时间和成本的考虑便一再想放弃，但是我们一方面是咬住了，另一方面也将更适合的制作企业推荐过去，将沟通和协调工作做得更加详尽，对每一个关于出品的细节咬住不放，在坚持不改变设计主旨的同时进行最小限度的微调以适应打样和开模的环节，最终得到了双方都满意的产品。实验室同时与华南工业设计院、珠三角地区优秀的印刷厂和模具工厂保持紧密合作关系，为实验室印刷、打样等相关技术领域提供了有

力的支持和保障。同时我们自己的制作部门对作品的落地跟进富有经验，在行业拥有话语权。过硬的专业技能才是拓宽职业宽度与深度的决定因素。与产品人博弈是设计师的必修课，这里是"初心"的坚守，也包含对客观的圆融。

您认同在包装设计中注入人文信息，包括产品故事、文化个性、美学符号等，是一种心理"绿色化"的包装吗？请谈一谈您的观点，让广大设计师或包装厂商共勉。

设计的本质是反抗平庸，它的救赎，除了浪漫的想象力外，更应该是人格的优雅和独立。在包装设计中注入更多信息是因为包装与品牌的息息相关。如果"可循环再生"理念推动了绿色化包装，那么类比下来，品牌资产也应该是"可循环再生"的，因为产品无论是迭代或者重塑都需要好好盘点和保护原有的品牌资产。设计师必须考虑包装与品牌应该如何密切联系、互相配合，以及如何完成产品有效包装与品牌运作的双重任务。品牌包装设计能够创造比它的各个组成

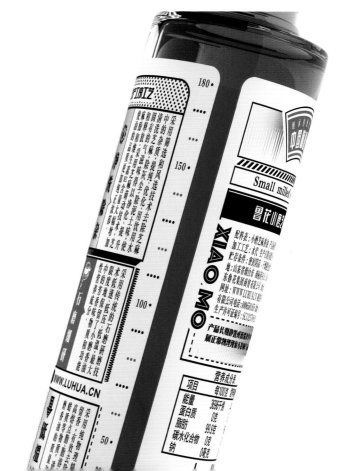

部分简单相加更大的功效。例如此次获得红点奖的王老吉黑凉茶，是特别为年轻消费者定制的"重口味"（浓缩）产品。我们一改传统饮品的老态面貌，把时下大多数年轻人的互联网生活方式，融于一个二次元的宅男宅女的日常生活中充满趣味的情景和玩物之中，塑造了一款让人尖叫的"王老吉"。这款产品让品牌在年轻化、时尚化的路上大大前进了一步，但我们并没有因此丢失"王老吉"品牌中"下火"这个最值钱的品牌资产，包装上所有的信息和元素都是同这类需求的人群在沟通、在传达、在打成一片。所以说包装就是品牌化，包装代表了品牌，贯穿于品牌的生命之中，并使品牌充满活力。消费者可以从包装中获取对品牌的解读和信心，对品牌产生信赖。

公司获得了很多世界包装大奖，评委们对什么样的包装设计比较青睐？这些评判导向对设计师设计理想和责任也是一种引领，结合公司的获奖作品说一说，让我们也受点启发。

在一些设计公司扩张规模，追求业务多元化、一站式服务以期提高企业收入、扩大影响力的时候，我一直坚定地认为设计行业的产业化必将以损失专业高度为代价。公司致力于在包装设计领域做深、做窄，以克制的态度挑选业务，有所为，有所不为。不以扩大销售额为目的，而以实用主义的美学来提升现代人在审美观上的品位缺失，持"改变世界从改变周边开始"的观点颠覆我们周遭的"审丑"之患和平庸之恶。

实验室用近六年时间开辟了一条自己的路。我们同很多优秀的企业例如褚橙、王老吉、好想你、雪花啤酒等都建立了合作，有着意义深远的示范作用。例如，褚橙的包装设计已经囊括三项大奖，即iF、Reddot、IDEA，让褚橙作为一种产品获得了极大的成功，让褚橙精神有了更圆满的阐释，完美地诠释了褚时健对匠心的执着，也以此致敬他老人家对品质的不懈追求。另一方面，这些产品销量在国内领先，甚至国际上数一数二的企业也把我们实验室的出品通过他们的销售渠道传到千家万户，融进现代人的生活场景之中，终将潜移默化地影响一代人的审美。

褚橙 Chu's Orange

衡量一个人是否成功，要看他在谷底反弹的高度。

—— 巴顿将军

褚时健老先生是中国励志的传奇人物。他的人生如潮水般几经起落：早年丧父、辍学、烤酒、种地，以此帮母亲谋生；青年，重新求学却遭遇战争，扛过枪、打过仗；新中国成立后没能逃脱"右派"的命运，却能埋头搞生产，将所在糖厂发展成为当地条件最好的企业；年过半百的他将一个中国小乡村养猪场发展成为中国利税贡献超过 300 亿的企业——红塔集团，将其打造成亚洲第一、世界第五的集团企业，褚时健也成为"亚洲烟王"；然而，退休前因罪入狱；出狱后，74 岁高龄的他承包荒山再度创业，十多年艰辛，以 88 岁高龄重新成为年销售数亿的"中国橙王"。

问及 74 岁高龄为什么还要创业时，褚时健老先生的回答是："找点事情做总是好的，闲着有什么意思？"他的褚橙创业和雄心无关，和传奇无关，只和他的人生习惯有关：做事，不闲着。

褚时健理解自己的生活很轻。而强人之所以为强人，乃是在简单的、平静的、世俗的生活下隐藏了巨大力量。88 年丰富、起伏的人生经历，他的个人故事紧贴着共和国一个甲子的时代变迁。他的生活里有着生离死别、荣辱变换，人生经历称得上"传奇"二字。

由于褚时健的二次创业承载了太多的正能量，他的橙子被人们誉为"励志橙"。

对于这个品牌包装设计来说，我们想不出比褚老自身更有说服力的表达，在烈焰日光下，一个头戴破草帽、穿着圆领旧衫、面色黝黑但健康开朗的农民守着哀牢山，守着他的 2400 亩橙园。在表现形式上，我们采用有分量感的木刻版画的表现方式再现了传奇商业领袖的辉煌。徽章，是大至国家，小至一个家族的传承，是荣誉的象征。因此，我们结合徽章的形式创作了褚橙的识别图形，徽章边缘隐藏的"51 62 66 71 74 84"的数字是褚老一生经历的重要时间段。褚橙精选产品的包装形式的创新是它的开启结构。轻轻向外抽拉，橙子就会自动升起，既极大地便利了橙子的取出，又增加了终端的展示功能，也暗示着这位老人一生的起起落落。

纸在包装材料中占据着第一用材的位置，容易回收利用，不对环境造成污染。瓦楞纸是全世界公认的绿色环保型包装材料。配套使用的牛皮纸在设计风格上一贯以简约大方为主，不需要满版印刷，只需简单的线条就可以勾勒出产品的美感，大大降低了印刷费用，而且牛皮纸特殊的色彩本身就是一大卖点。褚橙的箱身我们采用的就是易回收的瓦楞纸以及牛皮纸内衬，完美地为无农药残留的褚橙做了背书。同时，箱体去掉通常采用的哑膜，加了一层哑油，达到了很好的哑光和防潮效果，同时更易降解。

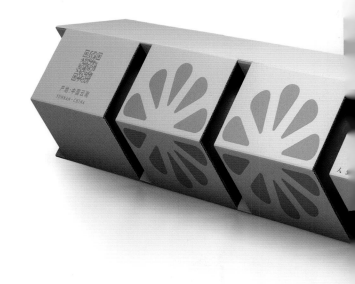

2016 Reddot Award 德国红点设计奖作品
2017 iF Design Award 德国 iF 设计奖作品

127

极燕孕盏盒

在缤纷艳丽的包装潮流中，返璞归真的设计往往更能流露一种智慧和文化。极燕孕盏是为孕妇定制的一款高档燕窝滋补品。自然界生命的起源都是圆形，与孕肚相似，暗含新生，孕盏的圆形结构便来源于此。抛弃传统的发泡聚苯乙烯而采用湿压纸浆模塑一体成型包装设计，通体圆润流畅，拥有自然造物的质朴触感。装饰纹样我们采用中华民族脍炙人口的十二生肖，以扁平化的图形语言表现，吉祥又不失时尚，年轻又彰显内涵。经过雕刻处理的十二生肖图案呈现出干净利落的立体感，中部添加淡金色火漆印的设计，缔造出品牌追求极致与纯粹的理念。孕盏更加

注重人性化设计，在盒盖外缘注入了盲文的凸点，满足特殊用户的需求。为了使盒形更加坚固，易于运输，在结构上分为上盖、内托和外盒三部分。内托中部设采用了凸起的处理方式，使上盖有受力支撑，使其在运输中更加牢固。内托也并不是单纯的圆形，结合"单盏"半圆弧形的结构，设计成为像花朵一样不规则的圆形，使单盏规则地咬合排列，不仅为包装增添了新意，更与外盒间多了缓冲的空间，降低了运输过程中挤压变形的可能。

纸模替代常规的塑料制品，是采用植物纤维浆做基料压塑成型，给燕窝孕盏一个自然、舒服、安全、透气的家。

◇ 2016 Reddot Award 德国红点设计奖作品
2017 iF Design Award 德国 iF 设计奖作品

极燕冰激凌

极燕冰激凌具有双重的包装设计理念。第一个目的是使其区别于普通冰激凌包装，创新选用马口铁材质，更易于存储和使用，密封性与恒温性也更加好，让消费者可以慢慢享受冰激凌时光，避免了融化易漏的尴尬。第二个目的是再次利用。很多人都有收集甜品包装的习惯，如色彩鲜艳的糖纸、巧克力的盒子。而纸质冰激凌包装虽然设计精美却容易变形，不易存储，只能丢掉，不免可惜与浪费。而极燕冰激凌解决了这一问题，马口铁材质的包装更加坚固。以欧洲乡村花园为背景创作的黑白插画使罐子极具收藏价值，易可作为储物罐再次利用。可再次利用才是对绿色环保的最佳诠释。

马口铁的罐子精致美观，不仅如此，还有防蚀止锈的作用，在食用后可作为收纳盒或者盆栽，成为案头的一道风景。

好想你 28° 锁鲜枣

1650 年，斯德哥尔摩的街头，52 岁的笛卡尔邂逅了 18 岁的瑞典公主克丽丝汀。热衷数学的公主请笛卡尔将一生的研究倾囊相授，两人互生情愫。国王知道后非常愤怒，下令将笛卡尔处死。克丽丝汀以自缢相逼，于是国王将克丽丝汀软禁，将笛卡尔放逐。

止不住思念的笛卡尔，不断给克丽丝汀写信，却被国王拦截。直到染病临死的时候，他寄出了第 13 封信，信里只有一段数学公式 $r=a(1-\sin\theta)$，唯有克丽丝汀才能看懂。

a 为四截距的比值，而 B 点是原点（0，0），把 A、B、C、D 四点用弧线连接起来形成了心形图，这就是笛卡尔和克丽丝汀之间的秘密数学式，从此有了笛卡尔爱情曲线。

"好想你"品牌将这段浪漫爱情故事中的"心形线"符号化，升华为心形锁，一颗枣就是一颗心，锁住爱情，为爱保鲜。而对亲人、爱人、朋友的思念，都被这一方红漆的邮筒寄托着。邮筒样的铁盒在保鲜的同时，可以作为储物罐二次利用，环保健康。

◇ 2018 A' Design Award 意大利设计奖银奖作品

插画来自英国著名插画家欧文·根特（Owen Gent）。
2013 年，他从法尔茅斯大学（Falmouth University）毕业，
获得一等荣誉学位，同时其作品获得同年的"杰出成就插画"
奖。他十分擅长利用画面留白，而画中的诗意也正是从这些
空白处显现出来的。欧文用独具诗意的笔触表现了笛卡尔和
克丽丝汀的爱情故事。柔和的色彩、厚重的笔触、细腻多变
的处理手法，重新诠释了"好想你"的品牌调性，赋予它高
雅的气质和浪漫的灵魂。

欧文·根特

夏牛乔苹果力纸盒

包装是实现农产品商品化、提升附加值和竞争力的重要媒介。潘先生认为,新时代的农业从业者,其核心任务是把农产品变成商品。包装不只是加个"壳",而是植入文化符号形成卖点。

去年潘先生受云南客户委托为他们的苹果做包装设计。众所周知,市场上尤为出名的是陕西与烟台的苹果,而云南苹果是可口,可是在国内并不知名,怎样为云南苹果的畅销打开一条通路?

首先要梳理几乎所有跟"苹果"有关的故事。如白雪公主因吃毒苹果而死去,希腊神话中金苹果的故事,纽约是大苹果,我们都爱吃苹果派,英文俚语说"Apple a day, doctor away"(每天一个苹果,医生都下岗),人类的文化史总是和苹果纠缠不清,但最有影响力的却是这三个:一是《圣经》记载的亚当、夏娃偷食苹果(禁果)后被逐出伊甸园,成为人类的祖先并有了自由意志;二是牛顿被苹果砸中脑袋发现了万有引力,使科学挣脱了宗教的枷锁;三是乔布斯用他的"苹果"改变了世界。

以上三个苹果的故事已足以诠释苹果所延展出的文化内涵,于是潘先生果断地将品牌命名为"夏牛乔",广告语就是"三个苹果改变世界"!苹果远不止是一种水果,它是寓言、宗教、神话、文化、艺术、科技的载体,与人类的发展一路同行,直至今日。

这些关于苹果的故事,印证着"苹果力"——集诱惑力、吸引力、创新力、黏合力、传播力于一体的神奇力量,让人类一次次触摸到现实与未知世界的接口,进而激发出更多的探索、创新、冒险精神,更加真切地体验未来和发现自我,树立起乐观、坚定、挚爱的信仰。世界还等着人类去探索,无论你手里拿的是苹果八代还是八箱苹果。

最终设计师以幽默的方式表达出他的观点:箱体上的复古插画将三位与苹果有关的名人统一为"夏牛乔"。潘先生将"戏剧性"运用到了产品的设计中。在看似普通的产品上加一点戏剧冲突和悬念,让消费者觉得有趣的同时,又印象深刻。

2017 Reddot Award 德国红点设计奖作品
2017 Pentawards 全球包装设计奖作品
2018 iF Design Award 德国 iF 设计奖作品

古格王朝品牌设计

　　古格王朝，创立于 2002 年，创始人夏科为中国食品行业十大营销专家。2015Pentawards 全球包装设计奖金奖、2016 Reddot Award 德国红点设计奖至尊设计大奖（best of the best）获得者，中国首例食品包装设计成品进驻德国红点博物馆的公司。创立近二十年来，为中国五百强及世界五百强食品企业实现跨越式发展，创造总体产值过 1000 亿的成绩。

　　骄人成绩的背后是古格王朝十年磨一剑的专注精神，潜心 6 年，以"科技、环保、美学"为核心理念自主研发的科技环保包装，2012 年成功获得中国发明制造系统专利，于 2015 年获得中国包装之星全场唯一的可持续性大奖，并在 2016 年获得由世界包装组织颁发的 WorldStar Award 世界之星包装设计奖。古格王朝是真正实现了以"中国创造"为己任的中国食品开发设计专业机构。

古格王朝夏科获得 2016 德国红点至尊设计大奖

你们公司是专门作包装设计的吗？发展中经历过哪些挑战，又是如何克服的？

　　大家的印象都认为古格是做包装设计的，其实不完全。除了包装设计外，我们通过多年探索对产品技术、工艺、包装材料等全产业链进行研发和贯通。应该说古格王朝是专门做食品品牌形象设计的。公司专注食品领域 15 年，从最初的包装设计到品牌文化打造，再到食品从前到后的开发设计。也许客户来只是找我们做包装设计，在深入的探讨后也许连产品都重新改变了。我们一直坚持"没有最美的，只有最合适的"。做开发设计其实是在以消费立场来重新审视原有产品，也许产品品质好，我们提升形式及消费场景，也许产品销量好，我们升级产品质量，提到更高的食品安全。新工艺、新材质、新模式的改变，成就了客户的新产品，从多个角度审视都在同品类中具有唯一性。"只有先做唯一，才能成为第一"，我们一直这么做。

　　在这些年的发展中，面临最大的挑战应该是改变客户思维，从产品思维到消费思维，从销量追求到品牌打造，包括付费意识也是逐渐改变过来的。之前遇到客户的付费意识不强，总认为"外来和尚会念经"，后来我们经过一个个的案例去证明自己的同时，我们走出去，也可以成为别人眼中的"外来和尚"。还有就是坚持，首先我们从不当"乙方"，客户是我们的朋友、伙伴，而不是上帝，我们更多以行业的医生角色跟大家合作，为企业或产品把脉。慢慢古格王朝更像是一个行业的综合服务平台而不是单纯的设计机构，客户在我们这儿，除了得到合作本身的形象设计外，还有更多的异业合作、行业咨询、销售链条等等。

2016 年 5 月 27 日，由世界包装组织（WPO）举办的全球重量级包装设计大赛的颁奖典礼在匈牙利布达佩斯举行，古格王朝设计的盐帮厨子魔态盒荣获 2016 WorldStar Award 世界之星包装设计奖作品。该款包装采用天然环保的竹子为原料，可以变化为任意造型，既别具一格，又降本护林。古格王朝一直注重包装的环保性与可持续发展性，打造真正意义上的绿色环保包装。

设计上巧妙地利用了盒形的结构特征，将表现产品属性的图融入外盒设计中，使整个包装在凸显了产品属性的同时又显得浑然一体，具有强烈的视觉冲击力与创意性。古格王朝原创设计将技术与艺术表达完美融合，体现了商品的属性。魔态盒对内装物具备高强的保护和保存性能，集"科技、环保、美学"于一体的生态环保材料亦体现了魔态盒结构的创新性和原材料的绿色环保性。

◈ 2016 WorldStar Award 世界之星包装设计奖作品

什么契机发明了魔态盒？为什么选择这种材质和形态？

也许是思维决定的，我们改变客户思维，设计产品，同时也在升级产品的包装材料。2009年前，我们致力于提升农产品的消费附加值，让农产品成为礼品。

随着时间的推移，我们发现过度包装的现象越来越严重，违背了我们的初衷。我们开始着手还原包装的本质，提出包装轻质化、环保、可持续等思维改变。因此就突发奇想，想做一种既环保又可变化的，还可以工业化生产的新型包装。通过多年摸索，最终让不用黏合、不用折叠、印刷工艺成型一体化的魔态盒逐渐显现出来。

2010年到2012年两年时间，我们从小规模试制打样到专利申报，最终完成两项国家专利的获得。之后开始自主研发大规模生产的设施设备，于2014年正式在成都建立工厂，完成投产。

因为工艺的成型原理，我们选用了竹浆纸为魔态的基础材质。一是纸的长纤维便于成型，更富多变性、多形态的应用基础；二是环保和可持续的理念支撑，本身竹的生长优于树木，而竹的砍伐使用更是在帮助竹林的再次生长，俗称松竹；三是竹纤维带给我们更多的惊喜，竹琨的天然抑菌特性使得魔态盒在食品包装应用中有更多的优势。

这种包装的成本怎样，比如张飞牛肉？

　　魔态包装做到了"三任意，三减少"：任意工艺，任意造型，任意纸张；减少人工，减少成本，减少污染。该包装成本占产品销售价的百分之五到八，符合市场规律。魔态盒的成本优于现有纸盒，如盐帮厨子黑猪肉礼盒用传统纸盒，先不论能否实现现有猪的造型，单算用1100克纸张加印刷工艺等成本已经高于魔态盒的3至5元的基础了。如用铁盒，可以完成造型，但相同大小的异型铁盒其成本5元以内无法完成，更不论铁盒的破损、工业化、无情感等等。张飞牛肉的魔态脸谱盒就不可比拟了，它不仅完成了包装创新的使命，更将多用途和易于传播的功能融为一体，既可以做包装，又可以做装饰品。

　　张飞牛肉项目灵感来源于"张飞牛肉"本身品牌文化背后的深厚内涵。古格王朝深度挖掘其内在气质，将代表忠义的张飞脸谱作为文化视觉符号重新创作。探索多种不同可能，根据不同的细分市场设计不同的包装表现，用张飞脸谱成就"味源三国，情义礼品"的超级识别系统，将三国文化、地域特色及情义礼品三者融为一体，源于传统，却不因传统而传统。

◇ 2016 Reddot Award 德国红点设计奖作品

去成都旅游的时候看到很多店里都有丈人坊的包装设计，视觉上的确能抓住人，它的市场反响如何？

丈人坊的设计是古格王朝的作品叫好又叫座的完美体现，既是德国 Reddot 及 Pentawards 的双料大奖，又是小区域产品迈向大市场的钥匙。丈人坊原本是都江堰景区的一款特色四川糕点，原有品牌叫"铲铲香"，在原有市场的竞争中仅依靠独特的口味以及二十年来货真价实的口碑。丈人坊的包装不仅让它从都江堰地区走到了四川的各个旅游点，并且单品第一年销售额便突破千万并逐年翻番，年销售从当时的 80 万左右跃升到现在每年销售 7000 万左右。同样的产品，同样的企业，但是却有了如此之大的区别。丈人坊米

花酥糖为四川都江堰名优特产，口碑享誉一方。因工艺可复制性强，产品包装大同，日久年长便广被业内模仿。

在古格王朝重新打造之下，从产品定位到品牌理念再到包装设计，从观察生活的细节开始，把致力推广的环保理念融入产品包装设计之中，成为欧洲设计联盟主席雷诺先生口中"我所见过的最梦幻的创意"，更为华人首次获得 Pentawards 大赛金奖以及德国 Reddot 设计奖大赛至尊奖奠定了基础，让一款质朴却散发着独特中国文化韵味的产品站在了这个被奢侈品充盈的世界面前。

丈人坊项目灵感来自产品发源地都江堰毗邻的青城山。青城山自古为文人墨客探访及隐居修炼之地，古称"丈人山"。为此，古格王朝围绕丈人山开始打造，立意核心品牌故事为

夏科在 2015Pentawards 全球包装设计奖颁奖现场

一慈心丈人为信徒民众烹制米花团，后传由邓氏沿袭工艺，并将之发扬光大。包装形态直观形象为一面容和善的扎发髻道人，包装材料采用了"对环境无污染"、传统感强烈的手工纸张，收口处选用道家常用的纯天然麻绳缠绕密封，且与道人扎发髻处吻合，巧妙之极，具有视觉冲击力。把绑住发髻的绳子打开，是怒发冲冠的普通人。而当把发髻绑起来，就成为仙风道骨的修行人。

传统与时尚相结合，质朴与轻奢相交融。丈人坊作为米花酥糖的代言品牌，从另一种角度诠释了策划与设计的兼收并蓄、艺术与人文巧夺天工的结合。

获得包装设计的世界大奖，是有意而为还是水到渠成？比如具体某个案例，你认为作品被评审中意的获奖点是什么？

至于为何参加其实也是基于公司的发展转变。2014年1月，我们跟随夏老师10年以上的5人组（我们称"古二代"）正式接管公司，而之后夏老师仅作为我们精神领袖及艺术指导。此时我们面临的问题是古格王朝长时间都是以夏老师在做对外宣传与交流，我们迫切想让公众记住公司而非个人，但十几年来我们一直以潜泳的姿态，埋头于商业思维下的艺术创作，用我们创始人夏科的话来讲："当我们有一天要浮出水面，要让世界知道古格王朝，而不是限于中国本土。"于是在2015年整顿完公司一年后，开始用古格王朝的项目作品去尝试问鼎国际奖项。

关于作品被选中，我们也是尝试心态。在多件作品获奖后，我们没有分析如何获奖而是坚定了古格王朝自己的风格，"中式后现代"是夏老师在2005年就在公司提出的，也作为我们的创作指导思想一直伴随我们。结合以上来看，我认

为古格王朝之所以能获得国际大奖的认可，是对我们坚持的一种肯定，是古格近二十年的行业坚守和精耕，应该算功到自然成，没刻意过。比如荣获Reddot至尊奖的作品就是用一张很简单的纸，与道教文化中的道长形象巧妙结合，浑然天成的创意打动了评审。

那么夏科先生提出的"中式后现代"概念是什么，在设计中如何体现？

用中式的元素和中国人的行为习惯、审美方式去抽离出一些符号，让其具有未来性，我把这种风格定义为"中式后现代"。比如传统民居和当代家居设计的区别，再比如一块过去腐朽的木头感觉并不入眼，但将它清理干净并经过一些重新打磨设计，加上茶席、花瓶、茶具，通过摆台变得很有禅意，这也是中式应用的一种。我们的包装设计是抽取中国传统文化中的元素，用现代化的设计方式表现出具有未来感和国际感的视觉效果。简言之就是让传统的东西不土，时尚起来。

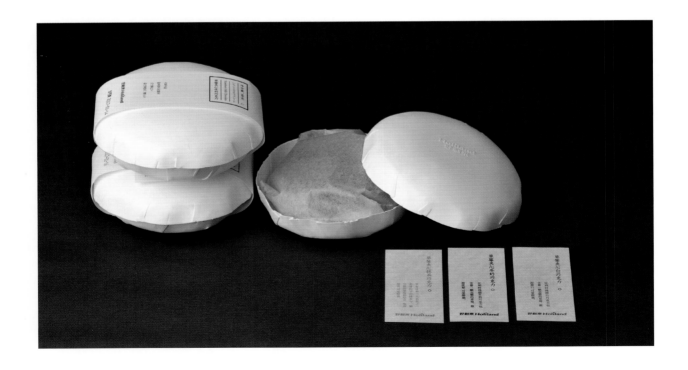

在产品包装设计到制作实现过程中，好的设计愿景和甲方厂商的具体实施有没有遇到矛盾，是怎么解决的？

现今古格王朝与客户的合作都是在充分沟通后再执行，所以产生矛盾的概率比较少了。前两年有个饮料客户，瓶型生产时，模具厂做出来的模具棱角不直，不美观，而且客人是在高原生产，受大气压的影响，瓶子没法放稳直立，模具厂说是设计有问题。最后我们公司自己的工艺总监，通过研究，亲自到模具厂指导完成了制作，结果模具厂的师傅反过来叫我们工艺总监"师父"。其实我们在为客户服务的过程中，往往不仅限于满足客户的需求，而是超出预期去给他们更能满足市场的设计。在这过程中，最欣慰的就是客户在其中收获的不仅是好设计带来的高回报，更是一种颠覆行业的思维。

说说 2008 年我们做特色产品的一个故事吧。那是一个合作六年的客户，在 2009 年想推出一款庆祝中华人民共和国成立 60 周年的产品礼盒，因为产品比较稀有而客户又比较实在，所以让我们设计产品包装材料控制在 50 元以内的礼盒，沟通后也同意加入一些少量的特殊材质。当时直觉告诉我们，这样的产品难以跳脱现有的市场局限，就跟客户沟通希望能发挥我们自己的创意为客户多做一个方案。之后就开始寻找具有中国特色的工艺技术，能适合这款礼盒的特殊意义的中国特色工艺，最终锁定在濒临失传的漆器工艺上，并在成都漆器厂完成了这一产品的打样。当客户收到两款不同工艺的礼盒时开始犯难了，满足他之前定价的礼盒和我们用漆器工艺制作的礼盒里，明显后者更能打动他，但这款漆盒的成本需要 200 多元。最终引导并建议客户提升了产品的销售价格，从 1000 元提升到 2009 元（为 2009 年作为一个印证）。当年这款礼盒销售总量接近 3000 盒。而同样我们以此开启四川漆器传统工艺的新领域，也促使了古典技艺的传承。

品赞设计

彭冲，著名包装设计师，品赞设计机构创始人。

曾在世界包装设计顶尖赛事 Pentawards 中凭借作品"黔之礼赞"一举斩获大中华区首个也是唯一一个单一品类最高奖项——铂金奖。多次获得 Pentawards、Reddot、WorldStar、Topawards Asia 等国际知名奖项。通过包装设计塑造品牌竞争优势，助力品牌在消费者心智中构建强势感官壁垒。我们服务于 Fonterra、中粮集团、蒙牛乳业、统一企业、新希望乳业、东鹏饮料等国内外一线快消品品牌，同时以行业引领产业为目标，致力于新兴产业的挖掘与环保材质的研发。

彭冲的黔之礼赞系列有机大米包装获得 2014Reddot Award 德国红点设计奖

荣誉

2017 Pentawards 全球包装设计奖（铜奖两项）

2017 Reddot Award 德国红点设计奖（两项）

2016 Pentawards 全球包装设计奖（铜奖一项）

2014 Reddot Award 德国红点设计奖（一项）

2014 Pentawards 全球包装设计奖（铂金奖一项）

2013 Pentawards 全球包装设计奖（一项）

2013 WorldStar Award 世界之星包装设计奖（一项）

2012 WorldStar Award 世界之星包装设计奖（一项）

地域文化融入包装设计，是产品形象需求还是设计责任，或是自我创新？

地域文化是否融入包装更多时候还是要综合考虑产品本身特性来判定，不同的产品定位、销售策略都影响着包装设计决策。比如一款重点在地方区域销售、具备明显区域优势特性的产品，那么在包装设计中就需要更多地挖掘地域文化融入包装；但如果是一款将要面向全国，适应不同地区消费者消费习惯，且没有明显的原产地优势的产品，那么过于强调地域文化肯定是不合适的。

获得过 Pentawards 铂金奖的"黔之礼赞"有机大米以及"黔之礼赞"系列产品（三款均获得 Pentawards 奖项）是贵州省的旅游产品，无论是有机大米、酱酒还是丝巾都是具备明显地域特色的产品。我们对旅游产品寄托的期望是看到它会联想到我去过的地方，以及美好的经历和回忆。那么在这样的产品设定下，将贵州特有的地域文化融入包装，可以说既是产品形象需求，也是设计的责任。设计需要解决产品在面对消费者的过程中已经面临或者即将面临的问题，那么如何把解决的分寸和角度拿捏恰当，无疑除了设计能力之外也要有足够深入的市场见地。

今后遇到一些有地域特色的包装项目，设计中你们愿意用更多的中国传统美学元素来创新吗？这和文化回归、文化自信有关，你们怎么看待这个问题？

首先我还是想探讨一下关于"中国传统美学元素"的理解。品赞设计创始人彭冲曾经在一个行业论坛里分享过这样一个话题：中国语境下的包装设计新趋势。中国庞大的人口基数和巨大的市场需求量是毋庸置疑的，但是不同的地域也衍生出了不同的消费习惯。随着民族自尊心和文化自信心的提升，"外来的和尚好念经"的时代已经逐渐远去，无数国外大品牌无论在包装还是产品上都一定出现过不同程度的水土不服。这也是为什么我们强调"中国语境"，最了解中国市场的一定是对中国文化有着深入了解的一方，而在这一点上，本土设计机构相对国际设计机构是更具优势的。比如我们近两年看到过很多"仿佛对中国文化有什么误解"的国际大牌节日限量款产品。"传统元素"不是审美的倒退，把一些名为传统文化实则老旧的设计元素拈来生硬地套用，或是

采用老式的包装形式，这种最多可以称为一个"复古主题"，而无法真正引起消费者共鸣。随着审美的升级，我们更期待的是"新中式美学"。它不一定是某一种元素，更可能是一种感觉。比如中国诗词歌赋的意境，"草色遥看近却无""映日荷花别样红"这样的文字外国人是很难理解的，但实际上是非常动人的。如何能让优秀的中国文化转化为国内外大众都可以读懂的设计作品，而不是仅仅圈限在"传统元素"与"复古"中，这就需要我们不断地尝试，也是品赞始终在合适的作品中输出的内容。

看起来普通的产品，怎样给它赋予文化属性，形成独特的视觉符号或受众情感记忆点？

无论产品的视觉符号还是受众情感记忆点，来源一定可以追溯到两处：产品和消费者。结合产品调研和消费者调研进行深入挖掘，任何产品一定有其存在的意义，不同的产品有不同的诉求、工艺特点，挖掘产品背后的故事，寻找值得放大的点。转换消费者思维，如果我作为一个消费者，什么情况下会选择这样一款产品？或者购买这样一款产品吸引我的点是什么？在这两点中延伸，一定会有所收获。即使再普通的产品，在琳琅满目的终端也必定要给消费者一个选择的理由。

包装中的视觉质感，在大众消费品和高端消费品中，质朴与华丽的对立，如何取舍和把握？比如消费者看到的都是包装表象，而背后设计师们是怎样用材质或工艺去体现的？

大众消费品与高端消费品在消费者需求侧重上有所不同，前者倾向于满足物质层面的需求，后者倾向于满足精神层面的需求，通俗说前者是油盐酱醋茶，后者是琴棋书画诗。两者侧重点不同，包装成本预算、目标消费人群、终端呈现形式等也不同，这些差异点的存在基本形成两者包装上的视觉质感区别。结合品牌调性和价值主张，包装最需要解决的问题和希望达到的效果已经跃然纸上。

物以稀为贵，在高端消费品的品类属性上，稀缺性是其核心竞争力。这种竞争力会延续到包装设计上，通过稀缺的包装材质、新颖的开启体验和高昂的制作工艺等环节来诠释

产品的价值感，并期望与目标消费人群产生情感上的共鸣。当设计师在设计高端消费品包装时受成本因素的束缚较少，创意发挥的空间会更大。

你们在接到一个包装项目后，设计流程大概是怎样的？这期间怎样引导客户达成"好设计"的标准？

在接到项目委托后，我们会根据客户提供的 Brief 进行深度的市场调研和产品调研，结合客户的调研数据进行比对分析，发掘更多可在设计上发挥的空间，再进入 concept 的初步提炼，创意构建。在这过程中，需要不断地自我否定，不断重新建立，最终达到理想的状态。我们会尽量早地邀请客户参与进来，以确认双方在策略方向上没有大的偏差。事实上，大多数时候好的创意会引起大家的共鸣。

关于包装，您想对广大的产品客户说点什么？

近两年我们其实一直在思考如何更好地将奖项的影响力转化成产品的市场影响力，做到专业表现和市场价值的齐头并进。真正解决产品面临问题的包装设计一定可以得到市场的热烈反馈，甚至不需要大奖的加持，也能得到消费者的认可。2017 年，我们为新希望乳业打造的产品酸奶果食，获得了 Reddot 和 iF 双项奖，这在乳制品行业是史无前例的，但事实上这款产品在试销过程中就一直处于供不应求、时常脱销的状态。我们为东鹏饮料升级的陈皮特饮，在没有进行任何营销推广的情况下，换新装后三个月销量比去年同期翻了倍。包装设计是产品的加分项，真正叫好叫座的产品一定是建立在"优质产品"的基础上的。没有好的产品研发，任何包装都白费，今天的消费者要比过去任何时候都精明。

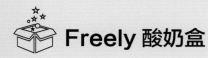

Freely 酸奶盒

　　Freely 酸奶在 2016 年巴西奥运会期间借势推出，这款酸奶的特点是添加了巴西莓和桑葚。我们希望产品能够给消费者充满活力的感受，带着巴西风情的热辣和激情。在品名字体的设计上，我们也从视觉方面进行这样的展现。

　　我们将比较具有代表性的关于巴西的元素提炼，如色彩斑斓的金刚鹦鹉、里约热内卢标志性建筑基督像、巴西莓元素等，用不同的形式组合在产品上，采用喷涂和涂鸦结合的手法表现，充满激情与活力。喷涂的表现手法与近年流行的 Color Run 运动非常契合，在宣传过程中可以与运动相联系产生互动，提出运动型酸奶的概念，也契合了巴西奥运会的奥运精神。这也是我们所希望的，酸奶能够有更多的可能，不再只强调菌种、肠胃活动，更多的是一种激情状态。瓶身的印刷颜料配合使用温变油墨，喷涂效果随着温度的变化而有不同的变化。

黔之礼赞系列白酒

2014 年，"85 后"设计师彭冲凭借作品"黔之礼赞"斩获国际包装设计赛事最具专业性奖项 Pentawards 单一品类（食品类）最高奖项铂金奖，成为至今为止大中华地区唯一一个获此殊荣的设计师。

"黔之礼赞"系列三款产品分别获得了 Pentawards 不同品类的设计奖项，在得到专业层面认可的同时也大大提升了品牌的影响力和美誉度。"黔之礼赞"系列将独特的地域文化、极富人性化的包装形式、恰到好处的选材、独到的环保理念相融合，从包装设计层面探讨人与自然和谐相处的关系。在环境友好和发展经济同等重要的当下，提出了切实可行的解决方案。

2013 年，白酒包装普遍存在过度浪费的现象，复杂的盒型结构、花哨的工艺堆砌几乎成为标配，包装费用占产品出厂价格的 30% 甚至更多。这引起了我们的思考，是不是只有烦琐的包装才能显示产品的质感？

我们本着降低成本和最大限度保护环境的目的对"黔之礼赞"白酒包装进行设计。不需要单独的外包装，瓶子的颈部用蜂蜡密封防止酒溢出。而标签采用中国传统的红色，代表着热辣，是这种酒的性格。标签上的图像诠释了酱香白酒的整个酿造过程，从采集原材料到蒸馏，然后包装成瓶出售。消费者可以感觉到入口的佳酿酿造过程有多么考究，从而使产品本身更显珍贵。

黔之礼赞系列蜡染丝巾

在贵州的东南方，苗族蜡染是千年的艺术遗产。蜡染是苗族传统艺术的重要组成部分，其中真丝蜡染最为精彩。画师们将图案用蜡刀蘸上蜂蜡在丝绸上勾画，蜂蜡凝固后多次浸入板蓝根制成的染料浸泡着色，最后用热水去除蜂蜡，风干。这样的技术在工业化的今天已经十分罕见，却没有得到应有的重视。

在包装设计中，我们以独到的方式呈现珍贵的民族手工艺，与之匹配的包装也应该环保且具有独一无二的韵律。苗族人把"蝴蝶"作为自己的图腾崇拜，尊称为"蝴蝶妈妈"，苗族服饰上随处可见蝴蝶的形象。我们希望用最直观的方式呈现产品的本质，同时更具文化内涵。蝴蝶破茧而出的场景启发了我们。蜡染丝巾的包装就像一个茧，让消费者感知产品的真丝材质，也与苗族文化相契合。这样的表现形式也形成了明显的差异化。我们在多次尝试后将包装以独特的方式

展现：当地的手工纸，由水与少量淀粉加热后混合成的天然黏合剂，黏合后形成纸茧并干燥，最后包装成型。与纯手工制作的蜡染丝巾一样，每个包装是独一无二的。

2016 Pentawards 全球包装设计奖铜奖作品

黔之礼赞系列有机大米

2014 年，我们继续秉承环保理念及本质主义，开始了"黔之礼赞"大米产品的包装创意。这一作品也一举斩获了 Pentawards 大中华区首个也是唯一一个单一品类最高奖项——食品类铂金奖。

在创作这个作品时，当地人对自然的敬畏及与自然和谐共处的生存法则，深深感动着设计师。精耕农业的传统劳作模式，鱼、蛙、水稻的循环互补，无不透露出祖先们的智慧。

正因为这份对自然的敬畏及对当地生态环境的保护，我们的包装设计拒绝了任何工业化的加入，纸张来自当地人家的手工造纸，采用植物纤维，能百分百降解，印刷所使用的染料也是植物染料。大米生长的环境被描绘成一幅幅生动的画面，以视觉符号的形式展现在人们眼前。整个包装设计不含化工原料，不会对环境造成任何负担，同时实现了回收再利用的目的。

◈ 2014 Pentawards 全球包装设计奖铂金奖作品

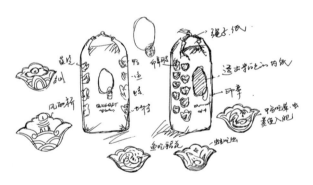

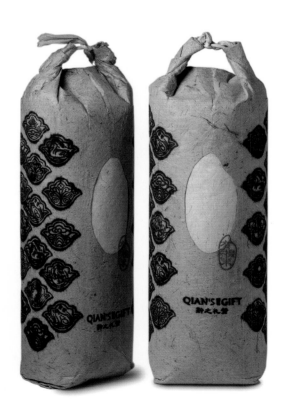

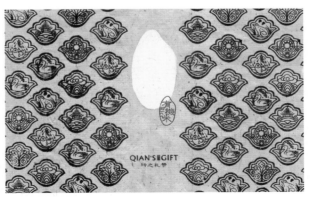

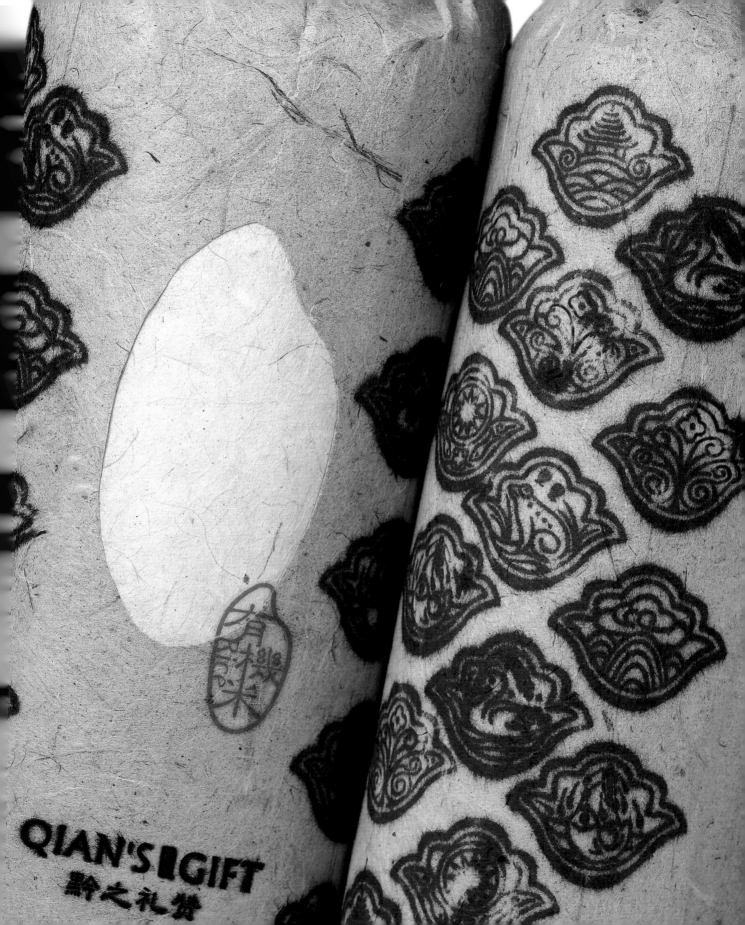

QIAN'S GIFT
黔之礼赞

Retastes 冰激凌盒

2016 年，冰激凌品类在整体下滑的态势下，只有高端冰激凌呈上涨趋势。在调研过程中，彭冲团队发现一个有趣的现象：消费者对待普通冰激凌和高端冰激凌时选择的食用场地和食用方式完全不同。对于普通冰激凌，多数消费者会选择购买后随处快速吃掉；而对于高端冰激凌消费者则更多选择在安静舒适的空间中细细品味，享受吃冰激凌的过程并在其中得到放松和乐趣。"享受""品味""自在"这样的字眼重复出现在消费者口中，选择高端冰激凌不再是因为单纯的功能诉求，而是带有强烈的情感需求，购买高端冰激凌更像是对自己的一种奖赏。

包装作为品牌与消费者的第一接触点，也是建立品牌感官壁垒和视觉传播记忆点最重要的环节。Retastes 的包装设计不再像大多数冰激凌产品一样通过食物本身来呈现它的美味，而是将美味的视觉感受与人们潜意识行为及对高端冰激凌产品"享受、放松、回味"的体验融合，提炼出具有强烈品牌识别度和竞争优势差异化联想的视觉符号。

金色的勺子放在红唇上的图形，在包装中以简洁易识别的扁平化形态出现，成为产品最具传播价值的视觉符号。它是消费者在"品味"的过程中高频次出现的动作，与回味、享受、放松有着直观的视觉联想。在黑色背景下尤为简洁醒目，具有非常强的品牌辨识性同时，时尚而独具格调，契合产品高端形象的同时成为品牌最有效的沟通符号。

◇ 2017 Pentawards 全球包装设计奖铜奖作品
2017 Reddot Award 德国红点设计奖作品

黑吃可食用昆虫蛋白袋

中国是世界第二大人口大国，在 2020 年将突破 14 亿人口，食物短缺严重，依赖进口会成为中国未来发展的大难题。可食用昆虫蛋白部分代替肉类蛋白是可行的。

2016 年品赞设计参与公益性项目昆虫食品多样性研究，从可食用昆虫品类选择、制作工艺、品牌形象、消费场景等全方位塑造，鼓励更多的年轻人接受昆虫也是一种美味的食物，让更多年轻人尝试将昆虫当成一种零食。这个项目获得了国际知名媒体 Campaign 的报道，黑吃的包装也获得 2017 年 Pentawards 奖项。

黑吃包装以可食用昆虫带给人的味觉联想为创意来源，通过图形的正负分割强化了味觉联想与实际食品的不确定性，简单幽默地表达出品牌格调，剔除昆虫真实状态带来的不适感，以憨态可掬的卡通形象拉近与消费者的距离。品牌名称及主色调将赋予产品更多的神秘感和趣味性。昆虫食品很难成为像薯片、泡面一样，人们宅在家都会吃的常规食物，但它也同样具备独特的吸引力，比如其自带的话题度和说服他人尝试的心理，更适合在聚会、游戏中分享。

◇ 2017 Pentawards 全球包装设计奖铜奖作品

澳特兰进口纯牛奶盒

在着手包装设计之前，我们对市场上澳洲进口中国的牛奶品牌包装进行了系统分析，奶牛、牧场、奶杯为多数品牌包装上的主要视觉元素。还有版面上巨大的"澳大利亚进口"中文字样，如果抹去这些中文字，你可以在包装上随意写上"法国进口""德国进口"，没有人说它不正确。包装上的奶牛、牧场、奶杯是消费者选择澳洲牛奶的主要原因吗？多数受访者表示选择购买澳洲进口牛奶是因为澳洲优越的自然环境，信赖优越环境下产出的奶品质更高。

牛奶包装上必须有奶牛或者牧场吗？我们不这样觉得。在走访了主要销售终端以后，我们决定做一款与众不同的牛奶包装。澳大利亚独特的自然环境衍生出独特的物种和艺术，

袋鼠是澳大利亚的象征，也是澳大利亚在全球通行的视觉符号，湛蓝的天空、耀眼的骄阳、葱绿的草地是澳大利亚自然环境的真实写照，正是这份独特孕育出澳大利亚独特的土著艺术。我们从中吸取灵感，在包装设计插画部分运用澳洲土著艺术的表现形式结合印象派绘画的创作主张，创作出一幅带有浓郁澳洲风情的画面：清晨，活泼的袋鼠在草地上欢快地蹦跳，牧草还沾着露珠，湛蓝的天空中太阳刚刚升起，月亮还未落下，这是个美好的早晨。任何人一眼就能看出它传达的信息，并感受到它的美。我们包装的正面进行整体分割，左边是纯白的牛奶色，右边是浓郁的澳洲风情插画，两者形成强烈的对比，让它在终端非常显眼。

月上兰山甜白葡萄酒瓶

在中国西部宁夏地区，贺兰山东麓因独特的气候条件和无污染的土壤成为中国新兴的葡萄酒酿造基地。这一区域酿造的葡萄酒品质普遍优于中国其他产区，"月上兰山"是这一地区的优秀品牌之一。

我们设计标签时，希望将月亮爬上贺兰山的意境表现出来，它是简洁的、耐人寻味的。上部分的深蓝色是天空，金色的月牙和星星挂在上面，下部分黑色是贺兰山的外形。中间是一道光晕，颜色随着葡萄品种的不同而改变。为了表现贺兰山的高大，我们特地将一些信息设计在瓶底。

卓上品牌设计顾问

　　卓上设计，游刃品牌形象包装设计领域已逾 15 载，在酒类、食品类产品包装设计领域贡献良多。此外，品牌策划与设计、展览展示设计、文化创意产品研发与设计等也包含在他们的业务领域中。

　　其创始人武宽夫先生认为，今日市场早已不是普通消费者的买方市场，而是认同者、共鸣者的深刻互动，是粉丝经济的全新形态。新零售时代需要更多更好的个性十足的品牌展现。他坚信，专业设计思考是消费美学引领市场的巨大力量，专业设计服务就是创造终端营销奇迹的真实存在。

武宽夫获得 2014Pentawards 奢侈品类两项铜奖

荣誉

2017 Reddot Award 德国红点设计奖（两项）

2016 Pentawards 全球包装设计奖（奢侈品类银奖）

2015 Pentawards 全球包装设计奖（奢侈品类金奖、食品类铜奖）

2014 Pentawards 全球包装设计奖（奢侈品类铜奖、食品类铜奖）

2013 Pentawards 全球包装设计奖（奢侈品类银奖）

2012 Pentawards 全球包装设计奖（奢侈品类银奖、铜奖）

2011 Pentawards 全球包装设计奖（奢侈品类银奖）

2010 Pentawards 全球包装设计奖（奢侈品类金奖、铜奖）

2009 Pentawards 全球包装设计奖（奢侈品类金奖）

对于一个产品来说，整体的品牌设计和孤立地只做包装设计，孰优孰劣？

整体的品牌设计是现代商业品牌化运作的规范模式，也已经被无数成功案例证明是一种切实可行、卓有成效的路径。但因其严谨规范，需要投入的人力、物力、时间成本相当可观，很多初创型品牌和中小企业望而却步，干脆就走了老路：直接设计包装。

当市场处于不同的阶段，品牌自身也处于初创期，这样的方式也未为不可，但当市场成熟，品牌成熟，消费者也逐步成熟的时候，整体的品牌化运作就势必会被提上日程。

品牌拥有了完整的设计之后，会拥有更加强大的驱动力发展自身。从视觉识别到理念识别、行为规范识别等，所谓的品牌附加值由此而逐步累计形成，其发展势能一定大于仅有孤立的包装设计的品牌。好设计的一个重要指征就是它能迅速为品牌建立差异化，提供个性化，形成话题性。

卓上设计对酒类品牌的包装设计之专注和丰富经验，有些什么引领性的观点和见解？

无论是酒的品类还是其他的消费品品类，其本质是一样的，都需要以各自不同的形象、不同的理念，在市场的同类竞品中找寻到一个显著的差异，形成自己的竞争优势。那么可以说，设计就是赋予每个品牌所独有的个性，并且让这个个性视觉化，令人可以清新明了地感知到。

葡萄酒因其舶来品的属性，在形象设计上更趋向于国际风范，也有更多的创意空间，而中国白酒，因其历史积淀深厚的原因，在整体的视觉设计风格上还是比较保守和拘谨的。我们也在力推国内白酒的包装形象设计的优化与提升。

关于对传统文化元素的应用，优秀的传统文化元素值得推崇和应用，但不是完全的拿来主义，而是与时代的密切结合，有着当代气息的对传统文化元素的继承和发扬光大，不会令传统给人以落伍之嫌，而是焕发生机的美好。

为葡萄酒命名的趣事，可以分享给大家吗？

最为人所称道的就是贺兰山东麓的品牌"贺"旗下的高端文化酒系列的命名。客户希望做一套能够彰显贺兰山产区特色以及传统中国文化中的"贺"文化（吉祥如意，恭贺之意）的葡萄酒，但是具体如何呈现，没有清晰的概念。

后来经过不断研究和各种创意发想，最终得到了现在令大家惊艳不已的"力·口·贝"系列产品。这个创意来源于对汉字"贺"的解构：将其拆解为力、口、贝三个汉字，分别阐述了葡萄酒的核心点：葡萄种植与生长之力（投心着力）；葡萄酒口感与口碑之口（有好口感才有好口碑）；葡萄酒的价值所在（贝，古意即钱，价值象征），三者恰恰就是葡萄酒的魅力与传承。以古意盎然的枯笔书法来呈现，更见其风骨和力道。

这个创意构思一经面市，就赢得了市场的热烈反馈，人们称道它的大胆新奇，传颂它的中国意蕴。这款具有很深的中国情结，同时又是极简风尚的设计，成为国产葡萄酒品牌设计的一个经典之作。

◇ 2012 Pentawards 全球包装设计奖银奖作品

在商业包装设计中，文化元素的植入也是绿色化设计的范畴，请根据贵公司的商业设计作品，详细谈一谈设计创作的思考路径和执行策略。

任何设计的背后都承载着文化内涵和精神诉求，没有文化和精神的设计是没有灵魂的。但如何视觉化文化的内涵和精神的诉求，则是一个难题。随意堆砌不是文化的展现，肆意拆解更不是精神的诉求。要将很深邃的东西在包装的方寸之间展现出来，并且要令大众轻松读懂这个设计的寓意，这才称得上是一个优秀的商业设计。

我们的创作路径通常是这样的：首先分析一个品牌，如它自身所拥有的背景、文化基因等；其次循着这个路径，去梳理出这个品牌的文化脉络，逐步找出它的文化节点，以这个文化节点挖掘出可以视觉化的部分，逐条分析，最终得到精准的视觉化元素，赋予它一定形式的艺术手法，结合商业诉求，人文精神的绿色思考也就此达成了。

卓上拥有众多的国际设计类奖项，请就此谈一谈公司这种国际化视野的初衷以及成功走向世界的经验。

我们始终坚持一个理念，要将中国品牌塑造出具有民族精神气质的时代风采，同时带领着这些品牌走向世界的舞台，向更加广阔的市场推荐优秀的中国品牌。其间的文化自信非常重要，没有这个信心，就难以真正将东方神韵表达得淋漓尽致。

谈一谈一幅优秀的插画与包装的关系。

一幅优秀的插画，尤其是商业插画，需要具备几个基本要素：

完美贴合商业意图和文化理念，不会偏离；

有高超的艺术表现力，视觉审美极具愉悦感；

有精致的工艺呈现，有匹配的材料运用。

如果能够以一幅优秀的插画匹配商业设计，其实是非常棒的，因画面和手法已经精准传递了品牌的基本诉求。

卓上的部分获奖作品被归类于奢侈品系列，请谈谈在设计过程中是如何避免过度包装，但又能够呈现奢华唯美的视觉感受的？

无论是否以奢侈品定论一个品牌或其包装设计，它的包装都以适度为上品，而非过度奢华。凡是过度包装，都只会令消费者诟病和厌弃。因为环保风尚和理念已经成为人们的共识，所以优异的设计一定是以巧思和诚意取胜，不是以奢靡哗众取宠。

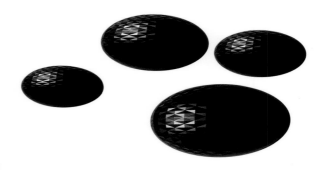

◇ 2014 Pentawards 全球包装设计奖奢侈品类金奖作品

这一系列食品包装采用仿生图案的设计，直观形象地展示产品本质，令视觉和味觉形成通感。

冈唛甜品罐头包装

类人首酒庄 R 系列酒标

　　针对产区独特的地理风貌，以等高线的地理元素作为创意出发点，取自"道生一，一生二，二生三，三生万物"的理念，以"类人首（太阳神）为中心，左右相伴地球与月亮"的充满想象力和视觉冲击力的形式，衍生出品牌核心理念：太阳神之光的独特视觉——在无限延伸的圆形线性组合里，绽放出七彩夺目的光芒，视觉印象令人难以忘怀。

◇ 2015 Pentawards 全球包装设计奖奢侈品类金奖作品

"力·口·贝"干红葡萄酒标

宁夏阳阳国际酒庄坐落于宁夏贺兰山东麓一个新兴的葡萄酒产区，因其优越的地理和环境优势，几年时间就成为国内葡萄酒产区中的明星产区。贺牌是一个注重品牌文化内涵的企业，所做的设计要承载起品牌文化，体现其品牌特质。贺，既是贺兰山之意，又是吉祥与祝福的美好期许，把贺兰山的形态和某种寄托吉祥文化寓意的物体结合起来。

携贺兰独特悠远的千年文化，萃取洗练至最本真的"贺"，

以现代水墨的"贺"字解构，写意墨色，涛走云飞，古逸贺兰，跃然纸上。力，贺兰血脉，遒劲之力；口，微啜细品，齿颊留香；贝，珍罕之名，滴滴成金。

◇ 2015 Pentawards 全球包装设计奖奢侈品类银奖作品

2013

YANGYANG
INTERNATIONAL CHATEAU
NINGXIA

— Hè —

宁夏阳阳国际酒庄

春来到干红酒标

　　"献给 2016 春来到"为主题的贺岁红酒包装，是卓上自主研发的产品。抽象几何形的单纯排列组合使画面纯净，细看每个形都有拙朴的手工墨色晕染变化，不像电脑绘制的几何形那般无趣。这种质感配合"山水""云气""春花"的意向，使其富有诗韵文化的气息。提到"春"我们总是想到花红柳绿之色，或是春节喜庆热闹的红色，但此款包装却用大量留白，用传统的质朴靛蓝作主色，少量纤细红色文字点题，正是借用了水墨写意的手法，在繁盛与静美之间，表达"醉"情与山水的喜悦。

◇ 2017 Reddot Award 德国红点设计奖最佳作品奖作品

"嗨，2017" 系列红酒酒标

延续卓上 2016 春来到的贺岁产品，2017 年自主设计研发出"嗨，2017"，通过设计原创漫画人物形象的方式描绘出不同职业的人迎接 2017 年的方式，以此来展现众生百态，传达出坦然面对现实、积极拥抱未来的乐观心态。设计形象为手绘的形式，无特殊印刷工艺，自然流畅，诙谐有趣。

◇ 2017 Reddot Award 德国红点设计奖作品

"御萃坊·陇原情"系列杂粮袋

御萃坊是一个齐集西部各类珍稀食材与药材的养生品牌,卓上为其精心设计了品牌标识以及富有民俗风情的陇原情系列。将手造的文字、图形结合成简朴素雅的整体形象,诠释了产品的高原野生特点,品牌竞争力得以凸显。此设计同时给客户带来了国际声誉。

高原养生杂粮:四款产品的包装设计各有风格,将文字、图形有机结合,形成整体印象,单独呈现时亦各具风采。该设计简朴、素雅中流露出生动的情趣。包装上采用白色作为包装底色,局部镂空展现杂粮的实物效果,突出每一种杂粮的"窗口"认知,并形成包装设计的趣味性。

包装以极具地方民俗风情的剪纸插画,辅以精雅的文字与版式,在简素中传质朴之美,将营养杂粮以不一样的风貌呈现于消费者眼前。

◈ 2014 Pentawards 全球包装设计奖铜奖作品

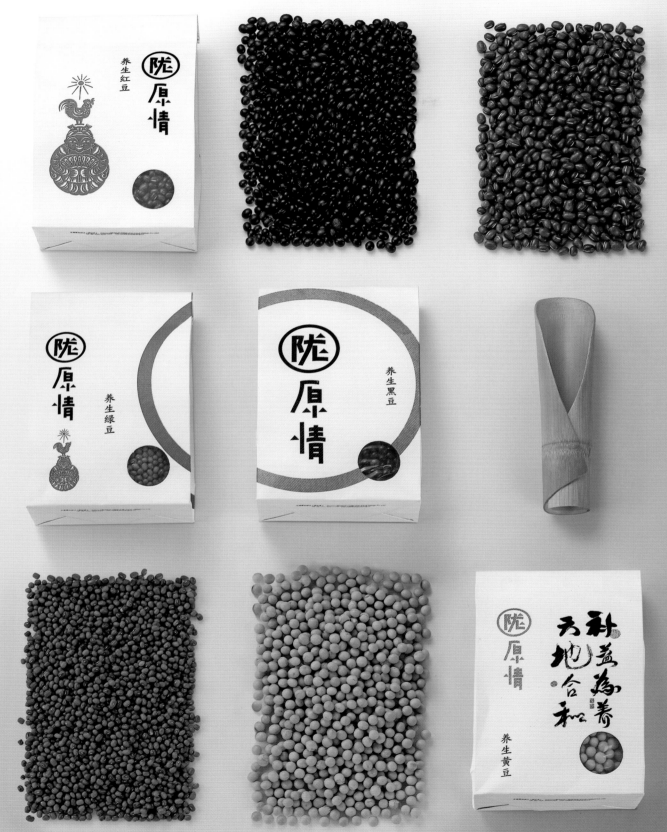

沐野品牌设计

　　汕头沐野设计成立于2012年,致力于中国传统文化与现代艺术设计的深度融合,提倡"绿色人文"的设计理念。崇尚自然,将绿色人文设计与商业市场需求相结合正是沐野追逐的理想。

　　沐野近年来深耕茶行业品牌设计及包装设计,他们爱茶,爱中国文化,正努力用微薄之力为茶行业带来更多好的设计策划服务。当然,沐野服务范围还涵盖了食品行业及其他行业。沐野结合精准的市场定位及清晰的市场洞察力,从品牌定位策略、品牌形象建立拓展到维护有系统性的服务模式,结合精良的产品规划、设计,帮助企业引领市场、深入人心。

沐野设计的作品中茶盒居多,缘何而起?

　　潮汕人的生活就和饮茶息息相关,这也是潮汕的一种人文风情。从小到大,茶事即是生活的一部分,自然而然,就和吃饭喝水一样。从美术院校毕业后,我们开始从事商业设计,就直接接触茶类包装。2012年创业做设计公司后,第一步就是公版茶包装的开发设计。我们初创团队喜欢喝茶,喜欢茶文化,喜欢中国文化,也就开始创作自己的茶盒作品。它是产品,但也是我们喜欢的东西,按照我们的理解和喜好开发,比如以竹编为材料的茶盒就有好几个类型,还有一些复古的带有龙元素的。后来参加了相关展会,推广我们的茶盒包装产品,也就是卖包装,在展会上得到了很多关注,之后就有了更多系列的沐野定制茶盒,也开始服务更多的茶包装品牌。

那这些茶盒是为某品牌客户专门定制的吗?

　　沐野的茶行业服务内容一般分为两部分:

　　一部分是为茶企业量身定制的专版设计,从企业市场及文化底蕴出发定位企业视觉形象,将市场定位与文化品位美学融合,最终转换成终端产品。把符合企业内涵气质的视觉系统推向市场,传达品牌形象与企业内涵,吸引消费者注意并产生记忆点,加深消费者对企业提供的产品的认可度和信赖感。

　　另一部分,我们设计开发通用版茶包装,提供给成长中中小企业作为终端产品的模版,也就是市面上所谓的通用版包装。这部分适合开始有品牌意识与文化需求的茶企商家,他们对品牌美感有一定的需求,但销售数量暂时无法支撑起品牌整体设计与定制。我们从设计公司的角度转换到包装企业的角度去生产终端产品,服务部分商家,让他们可以从沐野的通用版茶包装里,挑选符合自己茶品的系列风格,作为他们产品的包装,小批量定制,打上自己的品牌,先从销售方面解决问题。

　　简而言之,如果把沐野比喻成一个服饰品牌,专版设计就是"高级定制",通用版就是"品牌成衣"。"高级定制"可以制定完全符合企业自身需求的设计方案,打造自身个性化品位。"品牌成衣"便是以优等质量、美学品位,优先解决了终端产品的需求。

你研究茶盒包装多年，这期间市场对产品的需求有何新的变化？

之前礼品市场活跃，团购也比较多，现在逐渐转向自用送礼。但这不会直接影响到包装形态，如盒型大小和制作工艺，然而消费观念在逐渐发生改变，那种豪华、主题空泛而无内涵的包装依然有市场，但它不再是主流，现在更提倡多元化、个性化。

在消费心理层面，近年更趋于理性化，不会只认为贵的就好，炫耀式的消费减弱，即使礼品包装也会更注重合理性。现在的包装中，中华文化美学、气质品位内涵的代入，使得茶与器、与人、与境更能相得益彰，使一份茶礼让人看着愉悦，心生欢喜，典雅而得体。

在盒型大小或工艺不变的情况下，客户在视觉设计上，有没有更注重文化属性？

专版设计客户肯定是很重视文化属性这方面的需求，文化属性与企业底蕴相辅相成。至于通用版茶包装市场所追求的，是因为近年来比较混乱，很多跟风的所谓极简设计会直接单纯地贴上"私人定制""核心产区"字样，但是单纯品名体现不了"定制"与"核心"的主题，简单粗暴的"极简"设计缺乏人文审美技巧，只会导致同质化茶包装充斥整个公版市场。消费者暂时会认为这既然是定制，概念会好一些，也会存在一定的市场效应，说明"定制"个性是市场喜欢的，设计师需要做的就是用设计在终端产品上诠释美学的运用，用文化品位表达何为"私人定制"。

你的茶盒设计，放在一定的文化氛围和特定人群中会被认可，它和哪类人群比较符合？这些茶盒也很具有人文精神，是不是和茶包装本身的文化属性有关？

"有潮汕人的地方就有工夫茶。"喝茶对潮汕人而言是一种生活方式，一日三餐后甚至整天都在喝茶。去谁家串门，第一件事就是烧水泡茶，可以说喝茶和吃饭一样日常，所以潮汕人将"茶叶"俗称"茶米"是不无道理的。潮汕人遵循生活的茶道。工夫茶其实并不像电视上所表演"茶道"那么复杂浮夸，它有效、纯朴到没有多余的动作。传统的工夫茶具，喝茶时就三个杯，冲茶时基本不用公道杯，三个茶杯围成"品"字，即使有五六个人在一起，也是大家用这三个杯子轮流着喝，互相谦让，质朴与人情味也是一种人文精神的体现。我们团队成员现在也都是潮汕本土人，从小在这里生活耳濡目染。沐野茶盒的质朴风格也是因为有这种潮汕地域的茶文化特点。茶包装也是在做减法，过于浮夸的东西不是我们的追求，我们更趋向于设计手法和工艺材料的纯粹质朴风格。追求尊重自然，和大自然和平相处，这是沐野公司名字的由来，也是我们的坚持。

我们的消费意识在转变，茶盒包装不再完全追求那种贵气华丽风格，虽然包装工艺制作可能还是比较复杂，但视觉上却不再是那种常见的艳俗，而是质朴中体现雅致，这是不是符合绿色包装的人文心理趋势？

"绿色人文包装"的概念仍是小众，但小众需求未必是小。审美需要培养，中国教育水平与审美水平在不断提高。未来，"绿色人文包装"的需求可能会变成大众需求，而这也符合沐野自身的审美趣致。"绿色人文包装"的审美趋向是理想化的。沐野也会有大众市场化的设计。其实设计不论是以什么样的形态出现，永远不能背离市场需求。做有效的设计，就是既可以照顾"绿色包装人文"的消费需求，甚至可以培养这部分审美需求，也可以照顾到目前市场的大众化需求，两者互相平衡。著名社会学家费孝通先生说过"各美其美，美人之美，美美与共，天下大同"。正所谓，"汝之蜜糖，彼之砒霜"。我们不能给客户统一往一个方向去做设计，而是贴合客户实际需求，从中渗入美学基因。

在包装设计中可不可以不用烦琐特种工艺，在尽量不增加成本的情况下，做出独特的视觉文化设计？

一个产品，从设计到成品，都是有价格定位的。我们做到的是，在成本定位以内，合理地安排工艺，使之与设计有效融合，凸显设计的优点并体现产品相应的价值。特种工艺的运用需要用到点上而不是烦琐地叠加工艺。

一个包装单从视觉的方向可以做到好看，但当这个东西拿到手上，包装的材料质感与视觉效果不匹配，感觉会大打折扣。如插画在铜版纸上表现一般，在合适的特种纹理的纸上感觉就不一样。所以一个包装的面世，需要将成本控制、视觉美学和优质的制作工艺进行有效融合。

先生的茶

　　"致虚极，守静笃，万物并作，吾以观复。"在繁杂纷乱的红尘俗世里，先生淡然地盘坐其中，品茗闻香，有如山谷清风拂面而过，一口润心，高山流水自在心间。

　　传统文化并不是直接拿来在包装中再现，就能称为"创意"，这也是一些追求"高档"的包装极尽奢华的误区。而沐野的茶盒系列设计提炼文化精髓，以当代设计审美重新演绎传统人文元素，将文化意念与视觉符号延其"意"、传其"神"，并与茶叶产品本身的人文精神内涵达到共鸣。不但以茶香沁人心脾，还让文化浸润心灵，精行俭德的茶道精神和现代人追求绿色健康的消费理念得以融合。

　　山水画元素的采撷，山与人图形的简化结合，隐喻了茶的人文精神内涵。

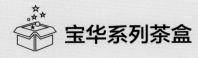

宝华系列茶盒

相宜：保其天真，成其自然，兴之所至，最是相宜，便是这系列盒子设计的初衷。

远观：足临清净地，身在图画中而不知的人，比比皆是。所谓"遥看草色近却无"，适时地从忙碌的生活中抽身开来，沏上一壶茶。人生需要准备的，不是昂贵的茶，而是喝茶的心情。再回看自己的生活，莫不是近睹分明似俨然，远观自在若飞仙。

如烟：第一次见到这款特种纸，便想起余光中笔下的一段话："浮漾湿湿的流光，昏而温柔，迎光则微明，背光则暗淡，对于视觉，是一种低沉的安慰。"舒服的绿色，与它的相遇，便如久别重逢岭南的春日。设想湿润的天气里，加柴火，焙香茗，升腾烟波，几盏淡茶入腹，烦恼自消除。如此便创作出这款包装。

真如："如如不动，了了分明 。"设计采用规矩庄重的中间构图法设计，天然低调。牛皮纸色，配搭精而合宜、巧而得体的酒红色中国绳结图案，稳重得体。在稳重之中又点缀精巧细致凹凸底纹，打破了沉闷。茶熟香沉之畔，见茶盒质朴精巧，细想几番更添喝茶的趣致。

消费品与信息繁杂，生活方式与消费意识的转变，我们在"断舍离"的心态下越来越要求产品的个性化和差异化，同时流水线生产缺失的工匠精神又变得弥足珍贵。沐野的茶品包装设计，从传统艺术和文化中抽取形体结构、纹样、肌理，用现代审美和工艺表现，追求意境，强调神似的抽象形式美，为我们展现了很强的人文精神和设计师责任，在众多的茶叶包装中可谓一缕新风。

强烈的主观性、情感性和独创性，是艺术感不同于其他形态感知的最突出特点。宝华系列包装以视觉取胜，移情使形象和意境较之照片式的客观事物更富有情趣、更美、更理想、更完整，因而更具有感染力。

沐野经典系列茶盒

沐野经典系列的创作是一个持续进行的项目。最初，只是源自我们沐野设计公司同事对茶的喜爱，以及各人对各物的兴趣，结合创作成一盒、一罐，寄托各自情怀。

创作无大小限制，随手画一小画、临帖书法、制一陶瓷、手制竹编、卧游书画、悟一偈语、踏青赏花、印章、拓本、布料等各人志趣之物皆可入创作内容。

创作出来后，有一生产与销售包装友人觉得不错，遂合作赋予其商业价值，共同开发成产品，针对中小型客户礼盒定制。几年下来，颇受欢迎。

各人兴趣能开发为产品，得到客户的认可，也是颇受鼓舞的一件事情。每一个包装都是有温度的设计，客户认可与每一次的使用，就像与有着共同兴趣爱好的远方朋友分享共同喜爱的物件一样。所以，这个开发项目持续进行中。

冶茶山纪系列茶盒

旧时，在包装材料不那么发达的时期，很多物件都用草纸包裹，点心、瓜果、蜜饯、糖怡、中药、茶叶都是用厚厚的草纸一包，扎一绳一提，虽简陋亦能成趣。稍微重点的物件，靛青布料也可解决包装问题。那个时代，一切纯粹而朴素。

冶茶山纪品牌是出自晚唐《二十四诗品》之《洗练》："如矿出金，如铅出银。超心炼冶，绝爱缁磷。空潭泻春，古镜照神。体素储洁，乘月返真。载瞻星辰，载歌幽人。流水今日，明月前身。"

茶，用心"冶炼"之，则自然落尽一切杂质，而显其素洁之本体，故名"冶茶山纪"。

冶茶山纪追求的也是茶品的纯粹和包装的朴实无华，所以旧时包裹许多物件的草纸和靛青布料就自然而然成为设计这一系列的一个启发。

盒子主题设有"燕子归来""落雁平沙""秋窗飞鸟"，选环保材质做盒，使用平素练习书画的毛边纸，轻轻一裹，朦胧写意。试想宅中笔墨丹青，晴耕雨读之余，品茶一览，亦能感觉燕闲自适。单盒自己品饮或与家人分享。若赠予亲友也是适宜，扎一绳一提亦可以组合不同品种茶叶作为伴手礼。待到八月中秋，"冶茶山纪"推出"秋祺"礼盒，附有小字"燕传情，桂华流瓦，恭颂秋祺，寄茶，聊表拳拳之心"，充作一封小信，俯思素友，赠予亲朋，见字如面，笔短情深，也可传达心意。

简易罐装与简易袋装都用旧时靛青布料作为主题，或靛青底白花或白底靛花，令人感觉浑朴可亲。

听观清茶系列茶盒

在沐野的茶盒设计中，体现出中国文化中讲究均衡和内在的韵律感。设计构思以一当十、以少用多，也体现于设计学上经常提到的计白当黑。这种精炼的设计语言使视觉上无画处皆成妙境，通过概括与取舍，以神达意，离形取意，达到得"意"忘"形"。色彩对比并不强烈，大面积质朴色彩对比小面积墨色或彩色，体现沉稳安静的文化心态。

系列茶盒设计，将传统书法、中国画、诗词巧妙地融入设计中。三五好友听香品茶，或独坐枯室观见内心，一杯清茶总是不可或缺，而茶盒，要成为的是茶的伙伴，质朴安静。小小的惊喜体现在盒面细节上，闲暇时候，或展开盒面画卷卧游其中"观心"，或碎片式阅读茶诗"听香"。这就是设计的初衷，让茶盒在饮茶的时候娴雅且安静，在闲暇时候又带着丰富的可阅读性。

日常茶道，直接而质朴，投茶、注水、出汤，一气呵成，简练到没有一个多余的动作，看似简简单单的，其实越是精简，越是不易。市面上茶包装不胜枚举，风格万千，雅俗自辨。沐野的选择是简约，简约不等于空寥乏味、不等于空洞无物。经过构思、推敲、增删数次，提炼、去掉多余的修饰，所选择的纸张材质也是天然素心，就像生活的茶道，简而质朴，一切归于本真。

初见、解语、相印系列茶盒

初识上林赋的创始人是一个年纪轻轻的女士，极有涵养，学识甚为丰富，对于春天和茶的解读也极为别致。她说："明前茶是初见，初见亦是重逢；雨前茶是相印，春叶即是心花；明后茶它解语，欲说已忘言。"

似曾相识宿命般的重逢，就像宝玉初见黛玉"今日只当是久别重逢"。爱茶人和茶的相遇亦是应了那宿命的缘分。宿命的缘分使用过于具体的物事，难以描摹，唯有抽象的元素可表达命运里蓦然相会，一见倾心。而设计采用带着天然纤维的中性色系草香纸，趣致静美，淡雅色系就如品读江南春日的朝晖晚晴、柔风细雨的气韵，你与春天就一杯茶的距离。

这符合一个审美原理："意向愈具体，它展示出的特征也就愈多，观看者也就愈不容易明确究竟它的哪一种特征是重要的。"

在绿色经济生活逐渐成为社会发展的主流之时，包装的绿色设计已经扩展到人文心理层面，回归本质的新生活哲学，顺应"断舍离"的人文态度。

以往也有很多茶叶类的包装设计加入了中国传统文化元素，但那种表面化的图案叠加挪用显得过于浮躁。在沐野设计的茶盒包装中，改变了过去那种包装材料和工艺设计过分奢华的伪精美风格，在设计美学中既能融入本民族的传统图案美学、色彩美学，又能通过现代设计手段，比如去烦琐化，使包装体现更多的现代中式"人文内涵"，来契合精神层面的包装文化绿色趋势。这样的设计能够凸显品牌，区别于同类产品，在市场中突围出来，引起设计同行思考设计师之创新与责任，对市场也有引领文化消费、增强民族文化自信的作用。

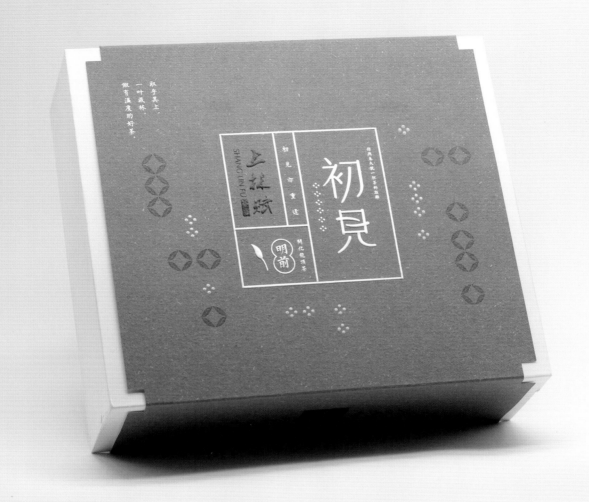

智礼禅茶系列茶盒

智礼茶人恭敬事茶，诚以待人，不求表象奢华，但凭真挚之心，于自然道中踏踏实实走来，秉持"诚意、诚信"的原则推出代表诚意的"平凡朴实的礼物"。

对朋友的态度"不以虚华之物待之"是以为"诚"，用平和心境的情感诉求进行分解、提炼，作为品牌的传播核心。

智礼茶人秉持对茶叶品质的追求，开拓有机茶园。所以标志以自然界的太阳、水泽、山川代表有机茶园天然有机的种植方式，又组合成佛家坐禅的样式。茶之境，亦是禅之悟

兼得。

简单的图案也方便于终端产品的应用，自由的拆解，自然的组合，融汇交错亦是相宜。

"无为""圆满""正觉""境界"作为系列产品，是以禅茶作为支撑点，传达品牌概念，将辅助图案拆解、组合、融会贯通。图案颜色中性柔和，"正、清、和、雅"代表佛法的包容性，也是智礼企业所传达的"茶禅一味"精神所在。

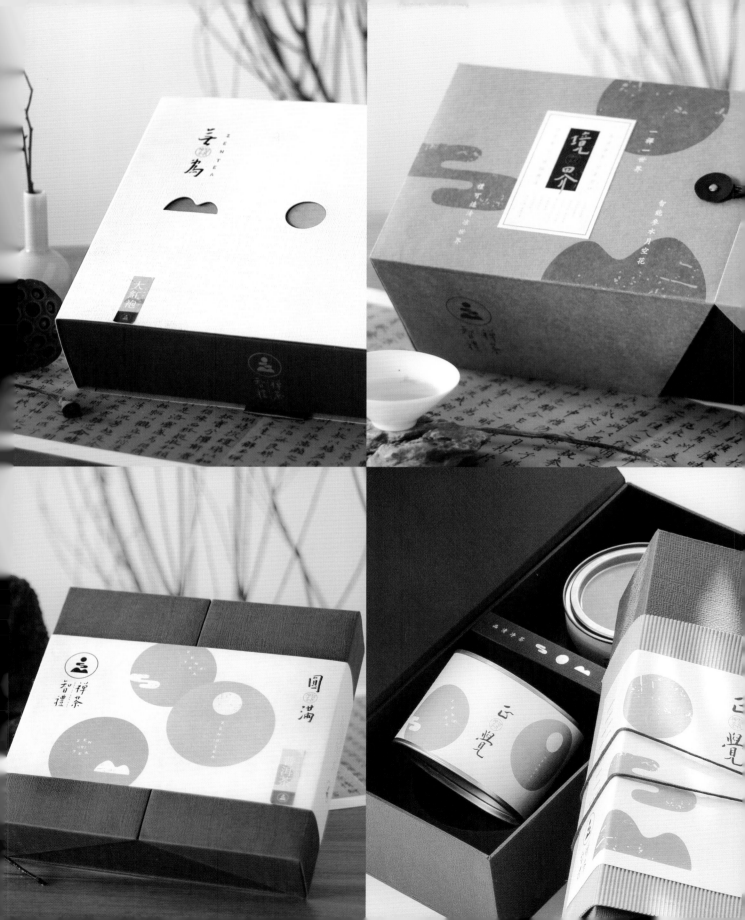

斗茗轩系列茶盒

斗茗轩茶楼位于中国的东北地区，而东北人相当直爽豁达，所以我们为这个系列的定位做了一些设想，使其更有爽直、明快的秉性。

云中燕子、山水湖泊、映月茶花等图案化，以明快的大色系为底，设计以简约自然的方式呈现，就如东北人的性情。想是他们生活的茶道，应也是精练到没有多余的一个动作，泡一杯最本真的茶。

林韶斌品牌设计

　　林韶斌设计团队 2007 年在汕头成立，2014 年入驻上海，是一家专注于商业与艺术美学平衡的设计公司。该公司一方面以大众市场消费需求，通过各种数据做分析，做出符合客户定位及需求的视觉包装设计，另一方面以东方美学的中国传统文化为基调，结合当代艺术表现出心中的东方格调，以寻求专业共鸣的视觉设计。

　　公司十一年专注于品牌形象及包装设计，多年来为众多知名品牌及企业提供设计创作，作品众多，积累了大量的实战与探索经验。公司积极参与各类国际设计大赛，有关于学术探索性极强的世界五大海报展、纽约及东京字体设计展，也有关于商业影响力极大的比赛，目前团队已获约 400 项国内外设计奖项，其中包括获奖难度极大的美国金铅笔（ONE SHOW Awards）金奖等重磅奖项。

你理解的现代设计语言是什么，因为公司观点中提到过，"使用现代的设计语言，追求深刻的设计内涵，力求突破设计和形式的美感"。

我个人理解的现代语言其实就是简洁、合理，便于后期的工艺制作和呈现。相对来说，简洁的设计图案，容易结合当下的材质表现，所以比较容易把握出符合当下审美的呈现结果。当然，这也局限于我当前的认知水平，也许我未来会有更多的理解。但不管将传统的元素如何提炼，我觉得属于故事或文化内涵的层面还是需要去保留，这样才能达到提炼的意义和价值。

在你们设计的"谷山谷"稻花香米系列包装中，也能感受到这种设计内涵，介绍一下这款包装吧。

谷山谷可以说是将中国山水及产品的特性结合为一体的作品，这个如果按传统的山水画来创作，我感觉是比较难的。将一颗颗大米的外形，通过渐变去表现出山水画中的从实到虚的一个变化，有了这种变化效果，自然会让人产生高山云雾的想象空间。但整个创作非常简约明了，应用电脑软件创作，画面并没有任何一点墨水的笔触感，但却将山水画的意境表达出来。在后期制作中，采用的是印白和印银的工艺，同时加了两只在飞的鸟，使整个画面更生动灵气。

能不能具体说说你的"先国际后传统并非意味着放弃传统"观点？

我所谓的国际其实也就是没有很刻意的地方记忆，例如想表现中国传统，我会尝试更多不一定非要水墨印章之类的元素，但其实又是用很简洁的图形去表现这种传统内涵。所以我在创作中，仍保留着传统的那个神韵，也许我更多是在尝试属于自己的个人风格表现。

像你们服务的统一旗下的谷 CARE、如饮、泰魔性、Q 生鲜等产品的包装设计，是不是因为是面对年轻群体的快销品，所以色彩比较鲜艳，怎么找到它们的创意点和文化属性？

也不是面对年轻群体才色彩鲜艳，而是针对大众消费品，考虑它展现的地方是在商超或便利店，以及包装材料特性、销售价格、消费群体等种种因素，因此包装设计需要色彩饱满才能使产品更突出，同时也是希望食品看起来使人更有食欲，表现会相对更直接一些。

说说品牌设计和包装的关系。

我们之前所做的设计案例更多是属于品牌识别设计，与包装没有很大关系。国内的设计公司对于这两者似乎也分得很清。除了这两类以外，我们还做空间导示设计。对我来说，它们都属于平面设计的内容，无法泾渭分明，反而是不断交叉使工作不会那么单一、枯燥。

公司有一类服务客户是与茶有关的，茶类消费品也确实更具人文精神，比如"不烦茶斋"项目，茶室形象的品牌设计在茶具、茶品以及自然意境的气氛营造上都有体现，还有盖碗茶馆等，公司在茶类的包装上有哪些感悟？

茶类的设计我的确接了不少，但大多都是很小众的客户和受众群体，相对做这类项目的设计，我们更多是从自己喜好出发，并不太受消费层面的影响。

公司最新包装设计作品"云茶"近来也获得多个世界顶级包装奖项。这个项目的设计过程估计也很复杂，包装具有很强的设计感，但从印刷到材料的应用制作都很绿色环保，整体气质也比较有人文精神内涵。能不能详细和我们分享一下项目的设计背景、创意设计过程，各环节有没有遇到什么问题？

云茶是个限量版的包装，材料不选贵的，但表现要显得用心，因此有了后面的包装设计特点。在设计上，其实还希望能让受众注意到厂家品牌及产品，让受众知道品牌对茶文化及茶品质的注重、对品牌背后的文化的重视。同时也让企业员工明白自己的企业是一家有文化积累、注重产品质量及内涵的企业。

茶不只是饮品，在中国文化上地位崇高，衍生出独有的历史、习俗及经济。云茶生长于海拔1700米的云南纯净的古代森林之中，以浓郁茶叶与独有的回甘见称。设计师深明茶的文化地位，并将其反映在茶的包装设计之中。两款包装的黄及白牛皮纸上印有中国山水插画，隐藏于卷轴之中。封装的纸绳为包装注入人性的温度。

当画卷展开时，中国山水画、意境、建筑、文化、故事、茶道一一呈现。设计的影响性和突破性将中国传统的符号元素巧妙地结合到具有当下时代感的包装上，提高了中国消费者对自己国家文化的重视和关注。此包装斩获国内外众多大奖。

在古马茶道普洱茶的包装设计中用到了纸浆的环保绿色包装方式，能不能详细说说？这款包装是停留在设计图上，还是有所实施？如果真的实现了制作并投放市场，效果如何？如包装成本、保护功能、市场反响等。

这一款是停留在设计图上的设计，也就纯尝试着玩玩，制作成实物的话，我想是可以考虑用模具压纸浆去完成，就像放鸡蛋的那种纸壳。这种包装更透气，所以也非常适合普洱茶的包装。我个人挺喜欢这套设计的，可惜没能找到机会实现出来。

城市人的消费意识越来越有精简化的倾向，在设计上趋于扁平化，更注重人文精神层面的环保，这在包装设计的趋势上也有所体现，你们公司的设计定位也与此有贴合，关于这个观点你怎么看？

我感觉我们只有一部分设计和这种观点有所贴切，或者说，我们在发布自己作品的时候，更多会选择这类表现的作品。在现实中，我们没有很多的风格定位，更多是客户需要什么，我们就帮他们设计什么，主要还是看合适的消费群体。当然，这也许也是我们的一个过渡期，至于未来会怎么发展和自我定位，我想也得慢慢摸索才能确定下来。

谷山谷稻花香米

设计师将农户、稻田及山泉以手绘形式表现，同时结合品牌文化信息及产品信息呈现于包装背面。而这是将原来简单的处理方式变得复杂。包装正面则用简洁的创意画面表现出谷，以"米"来描绘出中国"高山云雾"。既是"谷"又是"山谷"，借中国抽象意境的山水画形式表达出品牌的独特文化及独有的视觉表现力。而这时，正面的山谷却是简化后的山水，也符合我刚才说的深入浅出。

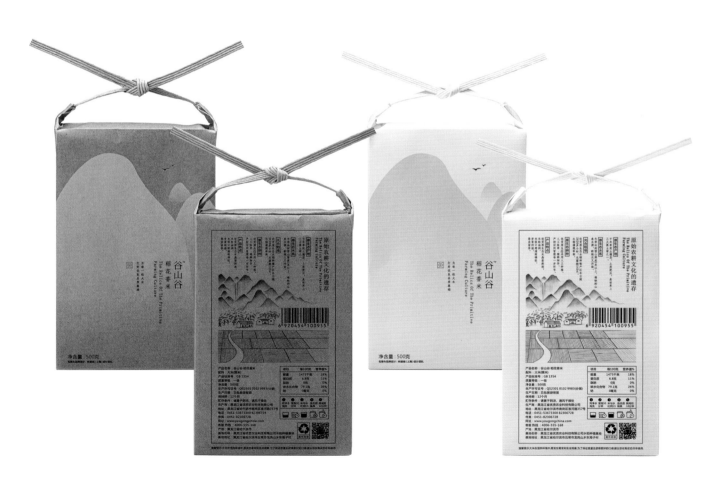

不烦茶斋品牌设计

品牌设计是个综合性规划的设计，而包装设计是落地性的具体设计。通常，品牌设计是指一个品牌的视觉层面的设计，为一个品牌做一系列的视觉规范，有固定的色彩、字体应用的规范。而遇到需要包装设计的品牌，大多数情况刚好是这个品牌属于产品销售型的，所以需要把前期的品牌视觉基础和产品独立的调性相结合，去做既符合市场又符合品牌规范的产品包装设计。节日性的礼品包装需要重新去定义包装的需求。

茶类消费品具有较强的人文精神，不烦茶斋的品牌设计在茶具、茶品及自然意境的气氛营造上都有体现，还有盖碗茶馆等。在早期的包装设计方面，大多是围绕茶类而设计，觉得比较能玩出味道来，同时还可以挖掘更多深层次的文化。

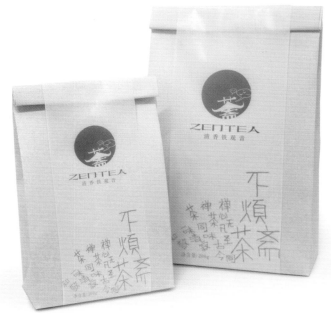

无中生有云茶

整系列包装从三幅插画开始。

《根》：茶叶的种植地，用古茶树的树根夸张地表现出云南的山脉，加上农宿、云、马，体现出茶马古道的故事，象征云茶的茶叶源于云南高山深林之中。

《叶》：茶楼与贸易，将茶叶夸张地表现，结合茶楼、小桥、古塔、帆船等表现出中国古代的城市与茶叶之间的故事，体现出茶楼与茶叶贸易场景。

《花》：品茶间的闲情逸致，将亭台楼阁、蝴蝶融入花园画面，同时将花演变为高山流水，直流茶壶，体现出饮茶的休闲故事。

此产品是润元昌的古树茶系列，体现了中国茶、中国文化、中国市场，因此设计要求体现中国味道，同时又需要体现出古树普洱的概念。

包装使用白牛皮纸与黄牛皮纸两种，在茶袋卷起来的袋口位置设计了一张插画，再系上纸绳，就像一幅画卷。没解开的时候是不能看到画面的，因此外观显得格外简洁，只有茶壶、文字和印章。当包装打开时，却发现别有洞天，给人一个惊喜。

◇ 2017 ONE SHOW Merit Award 美国金铅笔优异奖作品
2017 中国香港 DFA 亚洲最具影响力银奖作品
2017 Golden Pin Design Award 中国台湾金点设计奖作品
2017 A'Design Award 意大利设计奖作品
2017 德意志联邦共和国国家设计奖作品
2017 K-Design Award 韩国设计奖金奖作品

无中生有云茶是生长于海拔 1700 米的云南的无污染的普洱茶，相比台地茶，古树茶有明显优势。古树茶根植深入土壤，比根系短浅的台地茶更能吸取土中的营养物质。古树茶和台地茶主要从喉韵深度、入口醇和度等几个方面区分，古树茶无疑是最优质最珍贵的普洱茶原料。

把高品质的沱茶放入带有古朴质感的画卷中，包装兼具高雅与人文的特点。用画卷的形式在提升产品质量的同时以一种有别于其他茶包装的独特形式激起消费者的好奇心，从

而刺激购买欲。

　　包装没打开时，相关文字信息及插画藏于其中，外表简洁，只有标识和文字，当解开绳的时候，就像慢慢展开一幅画卷，最终展现在眼前的是一幅描绘茶产地的插画以及说明。

用插画的形式可以让消费者更加直观地了解云茶的产地以及产品的品牌理念。这种包装方式提升了产品的品质，同时无须其他材料，对环境资源无污染，在打造产品个性的同时避免了不必要的支出。

REFERENCE
参考文献

[1] 刘星晨，马小雯，王安霞．以绿色理念为前提的食品包装设计 [J]. 包装世界，2012(03):84-85.

[2] 蒋勇，李军．绿色食品与绿色包装 [J]. 包装工程，2002(05):81-83.

[3] 亓辉，龚亚辉．浅淡绿色环保印刷的材料及方式 [J]. 印刷世界，2006(10):38-39.

[4] 孟思源．浅析包装的减量化设计 [J]. 五邑大学学报 (自然科学版), 2010,24(03):72-75.

[5] 胡艳珍．低碳文化理念下产品包装的简约设计 [J]. 包装工程，2011,32(14):143-146+162.

[6] 刘光复．绿色设计与绿色制造 [M]. 北京：机械工业出版社，2000.

[7] 罗海玉．基于物能资源的绿色设计 [J]. 天水师范学院学报，2001(02):30-32.

[8] 栾忠权．从产品的绿色设计到可持续发展设计 [J]. 锻压装备与制造技术，2004(02):30-33.

[9] 陈磊．包装设计 [M]. 北京：中国青年出版社，2006.

[10] 托尼·伊博森 (澳)，彭冲．服饰包装设计 [M]. 桂林：广西师范大学出版社，2016.

[11] 善本出版有限公司．软性包装 [M]. 武汉：华中科技大学出版社，2017.